볼매

우리새

볼매우리새

펴낸 곳 | 나녹那碌
펴낸이 | 형난옥
사진 | 윤상근
글 | 이경희
편집 | 김보미
디자인 | 김용아
초판 1쇄 인쇄 | 2022년 2월 25일
초판 1쇄 발행 | 2022년 2월 29일
등록일 | 제 300-2009-69호 2009. 06. 12
주소 | 서울시 종로구 평창 21길 60번지
전화 | 02-395-1598 팩스 | 02-391-1598

ISBN 979-11-91406-11-5 06490

볼매 우리새

윤상근 사진
이경희 글

나녹
那碌

난 왜 새 사진을 담는가

내가 새 사진을 담게 된 것은 고향인 강원도 철원에서 친구들과 산과 들을 쏘다니며 작은 새들을 자주 본 것이 그 이유가 될 수 있을 것 같다.

성인이 된 후 동네에서 운동을 하거나 도심의 공원, 하천 등지에서 알록달록한 새, 또는 희거나 검은 새들을 만나곤 하였는데 처음 보는 새들이라 이름조차 몰랐다. 어느 겨울 공원에 갔다가 사람들 근처에서 먹이 활동을 하는 광택이 나는 새를 보게 되었다. 무슨 새인지 궁금하여 주위분께 여쭈어 보니 박새라고 했다. 굉장히 흔한 새라고…… 아, 지금까지 이런 새를 자주 봤는데도 관심 없이 보았기에 이름도, 습성도 모르고 지내왔구나 하는 생각이 들었다. 그때부터 새를 찍어야겠다는 생각이 들어 새 사진에 입문하게 되었다.

한동안 동네 주위의 새들을 관찰하고 사진에 담곤 하다가 텃새, 계절별로 찾아오는 철새, 나그네새, 길잃은새를 알게 되었고, 새를 카메라에 담다 보니 새에 대한 공부도 필요하여, 도감도 구입하였다. 새를 보고 찍기 위해선 보다 전문적인 카메라와 렌즈도 필요하다는 것을 알게 되었고, 더불어 탐조용 쌍안경도 필요하고 촬영시 새에게 스트레스를 주지 않기 위한 위장용 텐트도 필요하다는 것을 알게 되었다.

기후변화 탓인지 모르겠지만 여름철에는 지금까지 발견된 적이 거의 없는 열대

4

지역의 새도 자주 보이고, 겨울철에 흔히 보이던 철새들은 도래하는 개체수가 적어진 것 같기도 하다. 우리나라를 찾아오거나 지나가는 철새도 많이 바뀌는 것을 느끼곤 한다.

특히 도요들은 남반구에서 북반구로 긴 거리를 왕복 여행하면서 중간기착지로 먹이가 풍부한 우리나라의 서해안 갯벌을 선호하지만, 무분별하게 간척산업을 벌여 갯벌이 많이 없어진 탓에 새들의 중간기착지로서의 운명도 다하는 것 같아 안타깝기만 하다.

우리나라 구석구석 계절별로 다니면서 그곳에서 만난 새들과의 추억을 소중히 담아 보았다. 올해 보았지만 내년에도 볼 수 있다는 기약을 할 수 없기에 오늘 본 새를 기록으로 남기고 싶어 이 책을 썼다.

사진찍은 이

윤상근

옆에서 지켜본 삼십 년

남편이 처음부터 새 사진을 찍은 것은 아니었다.

아이들이 어릴 때는 얘들 사진을 주로 찍어주었다. 카메라로도 찍고, 비디오로도 찍었다. 그러다보니 아이들은 놀이공원에 가서도 아빠의 카메라 셔터 앞에서 포즈를 취한 다음에야 자유가 주어졌다. 아이들이 어느 정도 크면서 아빠랑 놀러가는 것을 꺼리고 친구들과 놀러가는 것을 더 좋아하게 되었다. 남편은 아이들과 놀러나가 사진을 찍어주는 것이 낙이었는데, 어느 순간부터 그런 즐거움이 없어지게 되었다.

그러면서 새 사진으로 눈을 돌린 것 같다. 처음에는 그런가보다 하고 이해했는데, 시간이 지나면서 뭔가 점점 빠져드는 것 같은 느낌이 들었다. 쉬는 날이면 같이 가자고 해서 여러 번 동행했다. 그럴 때면 내가 모르던 남편의 모습이 보였다. 한여름에 물총새를 찍으러 나가면 텐트를 치고 숨어서 찍었다. 텐트 속에서 사진을 찍기 위해 남편과 나는 땀을 삐질삐질 흘렸다. 내가 옆에 있으면 "저건 어떤 새고 어떤 습성이 있다. 여기 봐라. 이 장면 너무 멋지지 않으냐?" 등 설명도 지치지 않고 해주었다. 나는 덥고 힘들어서 텐트를 빠져나와 걷기도 하고 차에서 쉬기도 했지만, 남편은 하루종일 굶으면서도 지칠 줄 몰랐다.

겨울이면 눈이 와서 길이 미끄러운데도 철원의 두루미를 찍으러 가자고 했다. 사고가 날까 봐 조심스러운데도 남편은 아랑곳하지 않고, 두루미를 찍기 위한 막사 속에서 라면을 먹으면서도 즐거워했다. 그때는 직장을 다니던 때니, 주말이 되기

만 기다리는 것 같았다.

올 여름에 '잣까마귀'라는 새를 찍으러 설악산 대청봉에 갔다. 아침 일찍 오색 구간을 오르기 시작하여 12시 전에 대청봉에 올라갔다. 먼저 찍고 있는 젊은 분의 도움을 받아 잣까마귀를 카메라에 담았지만 오후에는 새가 별로 나타나지 않았다. 4시쯤 안테나 위에 앉은 새를 담은 것을 끝으로 하산할 수밖에 없었다. 남편은 중청휴게소에서 자고 다음날 더 찍고 싶어했지만, 아무것도 준비하지 않은 상황에서 자는 것은 무리였다.

내려오는 길은 너무 힘들었다. 돌로 된 계단이 끝도 없이 이어졌고, 다리는 아프고 날은 어두워지고, 이러다 사고 나는 것은 아닌가 하는 두려움도 들었다. 내려오면서 "10년 전에도 대청봉을 오르면서 고생했다고 하지 않았냐. 나를 데리고 온 것은 잘못이다. 이러다 내가 다치기라도 하면 당신만 고생이다. 다음에는 당신 혼자 오든가, 다른 사람이랑 와라."고 했다. 그래도 다치지 않고 무사히 내려와 다행이었고, 며칠 다리가 아파 고생하기는 했다.

남편은 한 번 더 가고 싶어했다. 삼십 년을 살다보니 그런 마음이 눈에 보였다. 사진을 찍는 사람들과 같이 가려고 했지만 여의치 않아 보였다. 8월초가 지나면 태풍이 올 것 같고, 그러면 날씨 때문에라도 대청봉에 오르기는 쉽지 않을 것이었다. 올해 잣까마귀를 더 찍기는 어려울 듯했다.

한 번 더 가겠느냐고 남편을 떠보았다. 갈 수 있겠냐고 물었다. 한 번 갔다왔는데 두 번은 못 가겠느냐. 이번에는 더 일찍 올라가고 잘 수 있는 준비도 해 가자고 큰소리를 쳤다.

새벽 1시에 집에서 출발하여 오색에 주차, 컵라면으로 아침을 때우고 4시쯤 출발했다. 다행히 8시 전에 정상에 도착한 남편은 잣까마귀를 원 없이 찍었다고 했다. 숙박을 할 필요가 없어지기도 했고, 코로나 때문에 중청휴게소는 숙박을 받지 않았기 때문이기도 해서 3시쯤 하산했다. 두 번째니까 좀 쉬울 거라고 생각한 건 오산이었다. 밝은 날에 내려왔지만, 가도가도 끝나지 않는 울퉁불퉁한 바위 계단을 보면서 내려가는 것은 정말 너무너무 힘이 들었다. 남편이 사진을 찍는 동안 정상에서 6시간이나 쉬었는데도 불구하고, 내려오는 길은 더 힘이 들었다. 다음에는 정말로 오지 않겠다고 다짐을 하면서 내려왔지만. 글쎄, 남편이 가자고 하면 또 나설지도 모르겠다.

부모님이나 남편의 친구들이, "그렇게 찍기만 해서 뭐 하냐? 컴퓨터에 저장만 해놓으면 뭐 하냐?" 라고 하곤 했다. 아버님 칠순 잔치 때 도련님과 함께 사진 작품을 추려 전시회를 했다. 의미는 있었지만 그 때뿐이라는 생각이 들었다. 그래도 사진집으로 만들면 의미가 있겠다 싶었다.

새를 찾으러 다니며 고생하고, 찍기 위해 땀흘리고, 찍은 사진을 블로그에 올리느라 컴퓨터 앞에서 작업하고……. 그런 남편의 땀과 기쁨과 열정 등이 책 속에 담아졌기를 바란다.

글쓴이

이경희

새 사진을 찍으려면

새를 볼 때 맨눈으로 확인이 안 되는 경우, 보조 장치를 이용하여 관찰할 수 있다. 보조 장치로는 쌍안경, 필드스코프가 있으며 메이커, 배율, 렌즈 지름에 따라 무게와 가격이 차이가 난다.

탐조용은 작은 쌍안경(8×25, 10×30 등)(배율×렌즈지름)이 좋은데 무게가 가볍고, 휴대가 용이하며, 내구성이 있기 때문이다. 배율과 렌즈 지름이 커질수록 좋은 화상을 보여주지만, 무게가 늘어나 휴대가 용이하지 못한 경우도 있다.

필드스코프(접안렌즈에 따라 규격이 달라짐)는 쌍안경보다는 멀리 있는 물체를 보다 더 잘 관찰할 수 있게 해 주지만, 거치할 수 있는 삼각대가 필수이며 한 장소에서 관찰하기에는 좋으나 부피나 무게 때문에 휴대하기 어려운 점이 있다.

쌍안경   필드스코프

관찰한 새를 기록하기 위해선 쌍안경과 필드스코프에 핸드폰이나 카메라를 장착하여 촬영하는, 어포컬(afocal)로 하기도 한다.

최근 들어 탐조를 전문으로 하거나 새를 촬영하는 인구가 늘었는데, 그 이유 중하나는 디지털 카메라 기술이 발전하여 전과 비교할 때 저렴한 비용으로 장비를 구입할 수 있고, 멀리서도 새를 잘 찍을 수 있게 되었기 때문인 것 같다.

새를 기록하기 위해서 많은 분들이 사용하는 제품 중 디지털카메라는 니콘, 캐논, 소니 등의 제품이 있고, 150~600mm 급의 렌즈가 있다. 저렴한 가격으로도 휴대가 용이하고 좋은 결과물을 내는 제품들이 많이 있다고 하겠다.

줌 렌즈보다는 500, 600, 800mm 단렌즈가 더 좋은 결과물을 낼 수 있지만 무게에 따른 기동성이 떨어져 이동하면서 움직이는 새를 찍기에는 불편한 점이 있다.

차례(계절별)

● 봄에 만난 새

봄에 만난 새

개미잡이

분류 여름철새
목 딱따구리목
과 딱따구리과
학명 *Jynx torquilla chinensis*
영명 Wryneck
볼 수 있는 장소 습지
특징 드물게 도래하는 여름새로 봄철 도서지
역에서 흔히 볼 수 있다. 나그네새로 보기도
하고 겨울새로 보기도 한다.

📍 20100502 충남신진도

📍 20100502 충남신진도

📍 20200119 안산 갈대습지공원

📍 개미잡이를 만난 장소

#신진도와 마도

#안산갈대습지공원

검은딱새

분류 여름철새
목 참새목
과 솔딱새과
학명 *Saxicola stejnegeri*
영명 Stejneger's Stonechat
볼 수 있는 장소 섬 인근
특징 봄가을 도서지방에서 많이 볼 수 있으며, 일부개체는 번식하기도 한다. 나그네새로 분류하기도 한다.

📍 20200409 충남신진도

📍 20200409 충남신진도

📍 검은딱새를 만난 장소

#신진도와 마도

#외연도(충남 보령)

📍 20170421 충남외연도

19

검은머리딱새

분류 길잃은새
목 참새목
과 솔딱새과
학명 *Phoenicurus ochruros*
영명 Black Redstart
볼 수 있는 장소 섬 인근
특징 한반도에 드물게 찾아오는 새. 남쪽에서 북쪽으로 이동하다가 봄철 서해안섬에서 관찰되기도 한다.

📍20130421 충남외연도

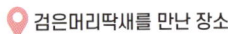
📍 검은머리딱새를 만난 장소

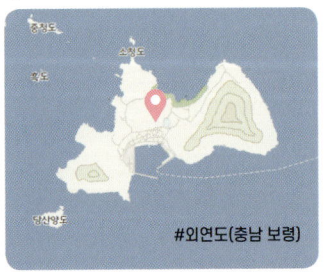

#외연도(충남 보령)

📍20130421 충남외연도

20

검은목논병아리

분류 겨울철새
목 논병아리목
과 논병아리과
학명 *Podiceps nigricollis nigricollis*
영명 Black-necked Grebe
볼 수 있는 장소 물가
특징 겨울철 얕은 호숫가에서 단체로 서식하며, 잠수를 하면서 먹이활동을 한다. 계절에 따른 외형상의 변화가 확연히 구별된다.

📍20200420 강원청초호

📍20200420 강원청초호

📍검은목논병아리를 만난 장소

#청초호(강원 속초)

#대송습지(경기 안산)

📍20201202 안산대송습지

검은바람까마귀

분류 나그네새
목 참새목
과 바람까마귀과
학명 *Dicrurus macrocercus*
영명 Black Drongo
볼 수 있는 장소 섬 인근
특징 봄철 한반도를 규칙적으로 지나가는 새로 도서지역에서 가끔 발견된다.

20210519충남신진도

 검은바람까마귀를 만난 장소

#신진도(충남 태안)

20210519충남신진도

검은지빠귀

분류 나그네새
목 참새목
과 딱새과
학명 *Turdus cardis*
영명 Grey Thrush
볼 수 있는 장소 섬 인근
특징 해마다 개체수가 늘거나 주는 등 확연하게 차이는 나지만, 매년 도서지역에서 관찰된다. 주로 단독으로 보인다.

📍 20210422 군산 어청도

📍 20210422 군산 어청도

 📍검은지빠귀를 만난 장소

#어청도(전북 군산)

📍 20210422 군산 어청도

23

긴발톱할미새

분류 나그네새
목 참새목
과 할미새과
학명 *Motacilla flava*
영명 Yellow Wagtail
볼 수 있는 장소 섬 인근
특징 봄철 도서지역이나 가까운 내륙 쪽에서 주로 관찰된다. 무리를 지어 다닌다.

📍 20100508 충남신진도

📍 20100508 충남신진도

📍 20100508 충남신진도

📍 긴발톱할미새를 만난 장소

#신진도(충남 태안)

꼬까참새

분류 나그네새
목 참새목
과 멧새과
학명 *Emberiza rutila*
영명 Chestnut Bunting
볼 수 있는 장소 섬 인근
특징 매년 일정한 시기에 한반도를 통과한다. 도서지역에서 소규모 무리로 관찰이 된다.

📍20200511 군포수리산

📍20200511 군포수리산

📍 꼬까참새를 만난 장소

#신진도(충남 태안)

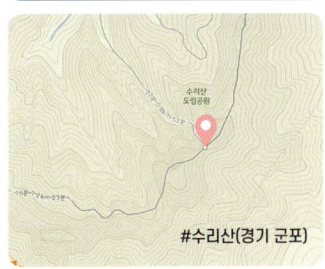
#수리산(경기 군포)

📍20100515 충남신진도

노랑눈썹멧새

분류 나그네새
목 참새목
과 멧새과
학명 *Emberiza chrysophrys*
영명 Yellow-Browed Bunting
볼 수 있는 장소 섬 인근
특징 매년 봄 한반도를 통과하며, 주로 도서 지역에서 많이 관찰된다.

📍20210422 군산 어청도

📍20210422 군산 어청도

📍노랑눈썹멧새를 만난 장소

#어청도(전북 군산)

📍20210422 군산 어청도

노랑딱새

분류 나그네새
목 참새목
과 솔딱새새과
학명 *Ficedula mugimaki*
영명 Mugimaki Flycatcher
볼 수 있는 장소 공원
특징 봄가을 주기적으로 한반도를 통과하며 내륙에서 많이 발견된다.

📍 20200512 경기군포

📍 20121009 광릉수목원

📍 20171007 경기군포

📍 20111009 경기군포

📍 노랑딱새를 만난 장소

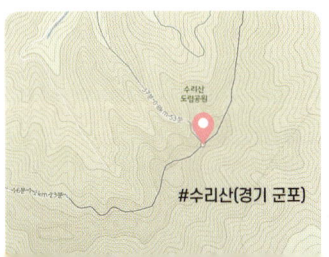

#수리산(경기 군포)

#광릉수목원

노랑때까치

분류 나그네새
목 참새목
과 때까치과
학명 *Lanius cristatus*
영명 Brown Shrike
볼 수 있는 장소 섬 인근
특징 봄철 일정한 시기에 도서지역에서 주로
관찰된다.

20200517 충남 신진도

20200517 충남신진도

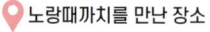

노랑때까치를 만난 장소

#신진도(충남 태안)

홍때까치

분류 나그네새
목 참새목
과 때까치과
학명 *Lanius cristatus*
영명 Brown Shrike
볼 수 있는 장소 섬 인근
특징 봄철 일정한 시기에 도서지역에서 주로 관찰된다.

20120519 충남신진도

20120519 충남신진도

20120519 충남신진도

노랑배진박새

분류 길잃은새
목 참새목
과 박새과
학명 *Pardaliparus venustulus*
영명 Yellow-bellied Tit
볼 수 있는 장소 공원
특징 겨울철에 주로 보였는데, 점점 계절에 관계없이 곳곳에서 많이 보인다.

📍 20400420 군포수리산

📍 20171006 군포수리산

📍 노랑배진박새를 만난 장소

#수리산(경기 군포)

📍 20200428 군포수리산

대륙검은지빠귀

분류 나그네새
목 참새목
과 지빠귀과
학명 *Turdus merula*
영명 Common Blackbird
볼 수 있는 장소 섬 인근
특징 해마다 개체수가 늘거나 주는 등 확연하게 차이난다. 매년 도서지역에서 관찰되며 주로 단독으로 보인다. 일부 개체는 국내에서 번식도 한다.

📍 20210422 군산 어청도

📍 대륙검은지빠귀를 만난 장소

#어청도(전북 군산)

#어린이대공원(서울 성동구)

📍 20200611 서울어린이대공원

📍 20210422 군산어청도

되지빠귀

분류 여름철새
목 참새목
과 지빠귀과
학명 *Turdus hortulorum*
영명 Gray-backed Thrush
볼 수 있는 장소 산
특징 흔히 볼 수 있는 여름철새
로 깊은 산에도 살지만 가까운
동네 뒷산에서도 관찰된다.

20200429 군포수리산

20200512 군포수리산

 되지빠귀를 만난 장소

#수리산(경기 군포)

20171006 군포수리산

무당새

분류 나그네새
목 참새목
과 멧새과
학명 *Emberiza sulphurata*
영명 Yellow Bunting
볼 수 있는 장소 섬 인근
특징 봄철 한반도 도서지역에서 가끔 단독이나 소규모로 관찰된다.

📍 20120428 군산어청도

📍 무당새를 만난 장소

#어청도(전북 군산)

📍 20120428 군산어청도

📍 20120428 군산어청도

물레새

분류 나그네새
목 참새목
과 할미새과
학명 *Dendronanthus indicus*
영명 Forest Wagtail
볼 수 있는 장소 섬 인근
특징 이동시기에 도서지역에서
드물게 관찰된다.

20100425 충남외연도

물레새를 만난 장소

#외연도(충남 보령)

20100425 충남외연도

20100425 충남외연도

34

붉은가슴밭종다리

분류 나그네새
목 참새목
과 할미새과
학명 *Anthus cervinus*
영명 Red-throated Pipit
볼 수 있는 장소 섬 인근
특징 봄철 이동시기에 도서지역
에서 주로 관찰된다.

📍 20100425 충남외연도

📍 20100425 충남외연도

📍 붉은가슴밭종다리를 만난 장소

#외연도(충남 보령)

📍 20100425 충남외연도

붉은가슴울새

📍20200422 군포수리산

분류 길잃은새
목 참새목
과 솔딱새과
학명 *Larvivora akahige*
영명 Japanese Robin
볼 수 있는 장소 산
특징 일본 쪽에서 주로 번식한다. 우리나라
를 통과하는 일부가 발견되며, 번식하기도
한다.

📍20200422 군포수리산

📍 붉은가슴울새를 만난 장소

#수리산(경기 군포)

📍20200422 군포수리산

36

붉은해오라기

분류 길잃은새
목 황새목
과 백로과
학명 *Gorsachius goisagi*
영명 Japanese Night Heron
볼 수 있는 장소 섬 인근
특징 내륙쪽에서는 관찰이 잘 안 된다. 봄철 새들의 이동시기에 섬에서 가끔 발견되며, 잠시 머물다 떠나간다.

📍 20160422 충남외연도

📍 붉은해오라기를 만난 장소

#외연도(충남 보령)

📍 20160422 충남외연도

📍 20160422 충남외연도

인공둥지에서 머리를 쏘옥, 한밤의 소쩍새

자전거 타고 청계사 오르다 남편과 마주친
인공둥지 속 소쩍새
머리를 쏘옥 내밀고 나와 기지개 켜듯이 날개를 폈다는 소쩍새
한밤중 우리는 소쩍새 찾아 청계사로 나선다.
밤늦은 시간인데도 자전거들은 힘겹게 산을 오르고
우리는 소쩍새 찾아 산을 누빈다.
두리번거리니 어느새 머리 위
늠름하게 앉아있는 나무 위 소쩍새
차가 지나가도 꿈쩍도 않는다.
셔터를 눌러 좋은 포즈 잡으려는데
두리번두리번 이리저리 둘러보고
이 나무로 왔다가, 저 가지에 앉았다가
잠시도 방심하지 않는다.
멀리서 들려오는 솔부엉이 소리에
사진사의 눈동자가 빛난다.
하지만 모습은 보이지 않고
소리로만 존재를 알리는 솔부엉이
나도 여기 있다 같이 울어주는 소쩍새

한밤중 청계산은 새들의 세상

소쩍새

분류 여름철새
목 올빼미목
과 올빼미과
학명 *Scops Owl*
영명 scops owl
볼 수 있는 장소 산
특징 인가 근처나 농경지 주변에서 주로 번식한다.

20170430 의왕청계산

20110518 구로천왕산

20170430 의왕청계산

소쩍새를 만난 장소

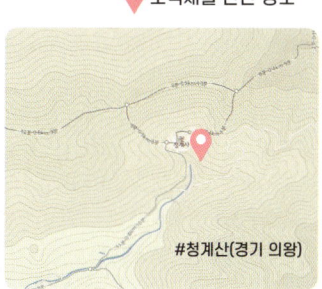
#청계산(경기 의왕)

#구로천왕산

솔딱새

분류 나그네새
목 참새목
과 솔딱새과
학명 *Muscicapa sibirica*
영명 Sooty Flycatcher
볼 수 있는 장소 섬 인근
특징 봄가을에 한반도를 주기적으로 통과한다. 소규모 무리로 이동하며, 도서지역 또는 내륙에서도 흔히 볼 수 있다.

📍 20200521 충남 외연도

📍 솔딱새를 만난 장소

#외연도(충남 대천)

#신진도(충남 태안)

📍 20210519 충남신진도

📍 20200521 충남외연도

솔부엉이

분류 여름철새
목 올빼미목
과 올빼미과
학명 *Ninox scutulata*
영명 Brown Hawk Owl
볼 수 있는 장소 산
특징 마을 어귀의 큰 느티나무 구멍에 번식하기에 사람들이 매우 친밀하게 느낀다.

📍20180505 군포수리산

📍20190515 군포수리산

📍20180505 군포수리산

📍 솔부엉이를 만난 장소

#수리산(경기 군포)

솔잣새

분류 나그네새
목 참새목
과 되새과
학명 *Loxia curvirostra*
영명 Red Crossbill
볼 수 있는 장소 소나무가 있는 곳
특징 매년 도래하는 개체수는 차이가 있지만 한반도를 주기적으로 통과한다.

📍 20200403 염전해변

📍 20200403 염전해변

📍 20200403 염전해변

📍 솔잣새를 만난 장소

#염전 해변(강원 강릉)

쇠붉은뺨멧새

분류 나그네새
목 참새목
과 멧새과
학명 *Emberiza pusilla*
영명 Little Bunting
볼 수 있는 장소 섬 인근
특징 봄철 도서지역에서 흔하게 관찰할 수 있다.

📍 20210422 군산 어청도

📍 20210422 군산 어청도

📍 20210422 군산 어청도

📍 쇠붉은뺨멧새를 만난 장소

#어청도(전북 군산)

43

쇠유리새

분류 여름철새
목 참새목
과 솔딱새과
학명 *Luscinia cyane*
영명 Siberian Blue Robin
볼 수 있는 장소 산
특징 깊은 산 속 계곡에서 번식을 하며, 봄 가을철 도서지방에서 관찰된다.

📍 20170423 충남외연도

📍 20170423 충남외연도

📍 20100425 충남외연도

📍 쇠유리새를 만난 장소

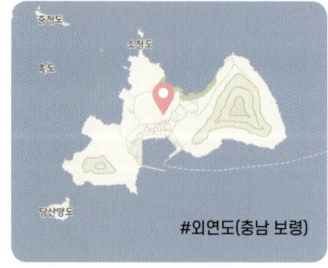

#외연도(충남 보령)

📍 20200428 군포수리산

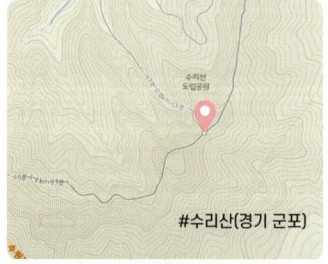

#수리산(경기 군포)

쇠종다리

분류 나그네새
목 참새목
과 종다리과
학명 *Calandrella brachydactyla*
영명 Greater Short-toed Lark
볼 수 있는 장소 물가
특징 아주 드물게 한반도를 통과
하는데, 도서지역에서 관찰할 수
있다.

📍 20110501 안산대송습지

📍 20110501 안산대송습지

📍 쇠종다리를 만난 장소

🌱 #대송습지(경기 안산)

숲새

분류 여름철새
목 참새목
과 휘파람새과
학명 *Urosphena squameiceps*
영명 Short-tailed Bush Warbler
볼 수 있는 장소 산
특징 봄가을 도서지방에서 관찰이
되며, 깊은 산속에서 번식을 한다.

20200428 군포수리산

20171005 군포수리산

 숲새를 만난 장소

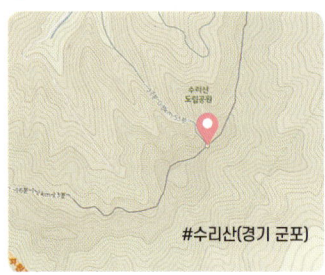
#수리산(경기 군포)

20171005 군포수리산

20200428 군포수리산

왕새매

분류 나그네새
목 매목
과 수리과
학명 *Butastur indicus*
영명 Gray-faced Buzzard Eagle
볼 수 있는 장소 섬 인근
특징 봄가을 한반도를 통과하는 새로서 일부 개체는 번식을 하기도 한다. 어린 새끼에게는 먹이를 잘게 잘라서 먹기 좋게 찢어서 준다.

📍 20210625원주현계산

📍 20150426 충남외연도

📍 20210625원주현계산

📍 20210625원주현계산

📍 왕새매를 만난 장소

#외연도(충남 보령)

#현계산(강원 원주)

새들과 함께 한 한가위 수리산

비탈진 중턱 작은 물가는 새들이 목욕하는 곳.
쌓아놓은 나무 밑에 숨어서 몸단장하기 좋게,
썩은 나무는 고라니 모양으로 새들을 지켜주는 듯,
구름과 해가 숨바꼭질하는 가을날의 수리산.

박새 한마리 목욕하고 털을 가다듬는다.
또다른 박새는 땅콩 냄새 맡고 날아오고,
귀한 몸 울새는 자리공 하나 입에 물고 날아가는데,
사진에 찍힌 울새 눈망울이 초롱초롱하다.
숲새는 빠릿빠릿 바지런해 찍힐 새가 없다.
깡패 동고비는 땅콩 먹는 박새를 내쫓고는,
박새 몰래 땅콩을 물어다 나무 뒤에 숨긴다.
여기저기 숨기니 찾을 수 있으려나?
열 중 두 개 확률?
어리석은 인간을 보는 듯.
갑자기 나타난 큰새 한 마리.
암수 함께 다닌다는 어치
물만 먹고 조용히 가버린다.
흰배지빠귀 새끼 한마리 어느 사이 물가에
등치 믿고 얌전하게 물만 먹고 간다.
남쪽에 흔하다는 연두빛 동박새.
남편이 기다리는 건 한국동박새.
옆구리에 갈색 반점 한국동박새.

어쩌나, 아니네...
한국동박새는 아니지만 동박새도 귀한데
찍을 새 없이 나뭇가지 뒤에서만...
그러다 달아난다.
땅콩맛을 모르는지 곤줄박이는
자리공 주변을 맴돌더니,
땅콩맛을 알고는
깡패 동고비도 무섭지 않은 듯
땅콩 주변만 맴돈다.
흰배지빠귀 두 마리
한마리는 자리공을 맛있게,
한마리는 요란스레 목욕을 하고 날아간다.
갑자기 사방이 소란스럽다.
지금은 목욕 시간인가보다.
곤줄박이 쇠박새 등 제각각 물을 적신다.
새 구경에 지친 나는
지천에 깔린 산밤 줍느라 허리가 끊어질 듯.
토실토실 산밤이 너무나 탐스럽다.

한가위 어느 날 수리산 위장막에서
새들과 함께 하는 가을이 즐겁다.

울새

분류 나그네새
목 참새목
과 솔딱새과
학명 *Larvivora sibilans*
영명 Rufous-tailed Robin
볼 수 있는 장소 산
특징 봄가을 한반도를 주기적으로 통과하는
데, 도서지역과 내륙에서 흔히 볼 수 있다.

📍 20200506 군포수리산

📍 20200502 군포수리산

📍 울새를 만난 장소

#수리산(경기 군포)

📍 20200507 군포수리산

유리딱새

분류 나그네새
목 참새목
과 솔딱새과
학명 *Tarsiger cyanurus*
영명 Red-flanked Bluetail
볼 수 있는 장소 섬 인근
특징 봄가을 한반도를 통과하는데, 도서지역에서 흔히 관찰된다.

20201126 종로창경궁

20201126 종로창경궁

📍 유리딱새를 만난 장소

#외연도(충남 보령)

#창경궁(서울 종로)

20150426 충남외연도

작은동박새

분류 나그네새
목 참새목
과 동박새과
학명 *Zosterops japonicus simplex*
영명 Swinhoe's White-eyes
볼 수 있는 장소 섬 인근
특징 봄철 한반도 먼 바다 도서지역을 매년 무리를 지어 통과한다.

📍 20210422 군산 어청도

📍 20210422 군산 어청도

📍 20210422 군산 어청도

📍 작은동박새를 만난 장소

#어청도(전북 군산)

호조벌 벌판에 저어새 등장하다

관곡지 연꽃마을 호조벌에 저어새 등장했다.
튜울립 예쁘게 심어놓은 둘레에 사진사들 옹기종기 모여
저어새 찍느라 여념이 없다.
어디서 나타난 장다리 물떼새
무리지어 생활하는 놈인데
한 마리만?
저어새 뒷전이고 장다리 쫓아 이리저리……
나도 좀 봐달라고
참새는 옆에서 짹짹대고,
자전거 타는 사람
새 찍는 사진사
튜울립 감상하며 산책하는 사람들
아직은 아침 바람 쌀쌀한 호조벌의 봄날

저어새

분류 여름철새
목 황새목
과 저어새과
학명 *Platalea minor*
영명 Black-faced Spoonbill
볼 수 있는 장소 물가
특징 서해안 무인도에서 번식을 하며, 봄철에는 내륙 곳곳에서 관찰된다.

📍 20160430 시흥관곡지

📍 20200425 시흥관곡지

📍 20200425 시흥관곡지

📍 저어새를 만난 장소

#관곡지(경기 시흥)

55

제비물떼새

분류 나그네새
목 도요목
과 제비물떼새과
학명 *Glareola maldivarum*
영명 Oriental Pratincole
볼 수 있는 장소 물가
특징 봄철 도서지역이나 내륙에서 매우 드
물게 발견된다.

📍 20170423 충남외연도

📍 20170423 충남외연도

📍 20170423 충남외연도

📍 제비물떼새를 만난 장소

#외연도(충남 보령)

56

새가 쉬어가는 섬, 외연도

대천에서 배로 두시간.
여기는 서해바다 외연도.
대륙을 건너느라 지친 새들이 쉬어가는 곳.
바다로 둘러싸여 먹이와 물을 찾는 새들의 휴식처.
희귀한 새 만나러 사진사들 오랜 시간 기다려 찾는 곳인데,

민박집 이장님, 가뭄이라 물이 없어 새들 없다고...
작년에 찍은 제비물떼새 또 만날까 돌아보지만,

처음 만난 쇠유리새, 큰유리새
코발트 빛깔 파란색 너무 멋있어.
꽃 속에 파묻힌 산솔새, 고고한 노랑때까치
너무 정겨워.
한참을 돌다 만난 흰눈썹황금새와 황금새
너, 참 반갑다.
샛노란 네 빛깔 참 곱구나.
빨갛고 노란 새 보면 말하라 했는데...
새는 안보이고
철썩대는 파도만 놀자고 나를 부르네.

종다리

분류 텃새
목 참새목
과 종다리과
학명 *Alauda arvensis*
영명 Eurasian Skylark
볼 수 있는 장소 들판
특징 들녘에서 많은 무리가 단체로 먹이활동을 한다. 번식기 때 날면서 짝을 찾는 소리가 예쁘다.

📍 20080427 인천송도

📍 20080427 인천송도

📍 20080504 인천송도

📍 종다리를 만난 장소

#개발전송도(경기 인천)

진홍가슴

분류 나그네새
목 참새목
과 솔딱새과
학명 *Calliope calliope*
영명 Siberian Rubythroat
볼 수 있는 장소 섬 인근
특징 봄가을 한반도를 통과하며, 일부는 고산지대에서 번식하기도 한다.

📍 20210526 충남신진도

📍 20210526 충남신진도

📍 20100502 충남신진도

📍 진홍가슴을 만난 장소

#신진도(충남 태안)

큰유리새

분류 여름철새
목 참새목
과 딱새과
학명 *Cyanoptila cyanomelana*
영명 Blue-and-white Flycatcher
볼 수 있는 장소 산
특징 봄가을 도서지역에서 관찰이 용이하지만, 번식기에는 깊은 계곡 물가 등 습한 곳에 둥지를 만들어 관찰이 용이하지 않다.

📍 20170421 충남 외연도

📍 20170423 충남 외연도

📍 20170421 충남 외연도

📍 큰유리새를 만난 장소

#외연도(충남 보령)

한국동박새

분류 나그네새
목 참새목
과 동박새과
학명 *Zosterops erythropleurus*
영명 Chestnut-flanked White-eye
볼 수 있는 장소 섬 인근

특징 주로 봄가을 한반도 도서지역을 통과하나, 발견되는 개체수가 해에 따라 매우 많거나 드물다.

📍20200517 충남신진도

📍20200517 충남신진도

📍20200517 충남신진도

📍20200517 충남신진도

📍한국동박새를 만난 장소

#신진도(충남 태안)

할미새사촌

분류 나그네새
목 참새목
과 할미새사촌과
학명 *Pericrocotus divaricatus*
영명 Ashy Minivet
볼 수 있는 장소 섬 인근
특징 봄가을 한반도 도서지역, 높은 나무위에서 생활하다 통과하기에 관찰이 쉽지 않다.

20170421 충남외연도

20170421 충남외연도

할미새사촌을 만난 장소

#외연도(충남 보령)

20170421 충남외연도

홍비둘기

분류 나그네새
목 비둘기목
과 비둘기과
학명 *Streptopelia tranquebarica*
영명 Red Turtle Dove
볼 수 있는 장소 섬 인근
특징 봄가을 일정한 시기에 한반도 도서지역에서 드물게 볼 수 있다.

20210422 군산 어청도

20210422 군산 어청도

20210422 군산 어청도

홍비둘기를 만난 장소

#어청도(전북 군산)

20210422 군산 어청도

64

황금새

분류 나그네새
목 참새목
과 솔딱새과
학명 *Ficedula narcissina*
영명 Narcissus Flycatcher
볼 수 있는 장소 섬 인근
특징 봄가을 한반도를 통과하는데, 도서지역
에서 많이 관찰된다.

20180421 충남 외연도

20160422 충남 외연도

20180421 충남 외연도

20160422 충남 외연도

황금새를 만난 장소

#외연도(충남 보령)

65

황로

분류 여름철새
목 황새목
과 백로과
학명 *Bubulcus ibis*
영명 Cattle Egret
볼 수 있는 장소 물가
특징 봄철 농경지에서 흔히 볼 수 있다. 백로 무리 속에서 번식을 한다.

20140518 인천송도

20150425 충남 외연도

20200612 파주공릉천

황로를 만난 장소

#외연도(충남 보령)

#개발 전(인천 송도)

#공릉천(경기 파주)

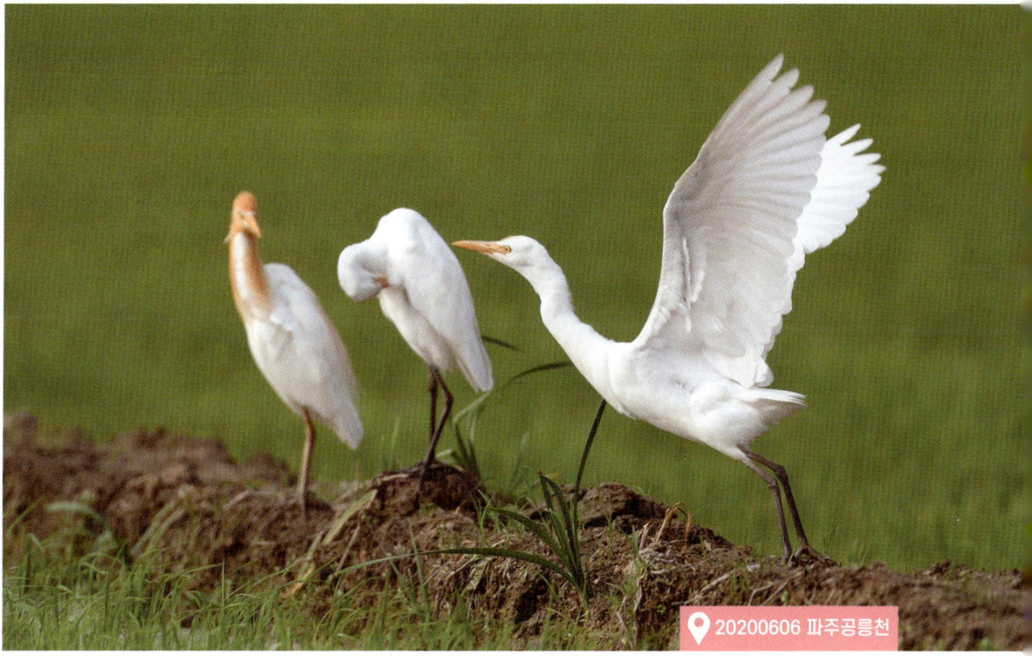
20200606 파주공릉천

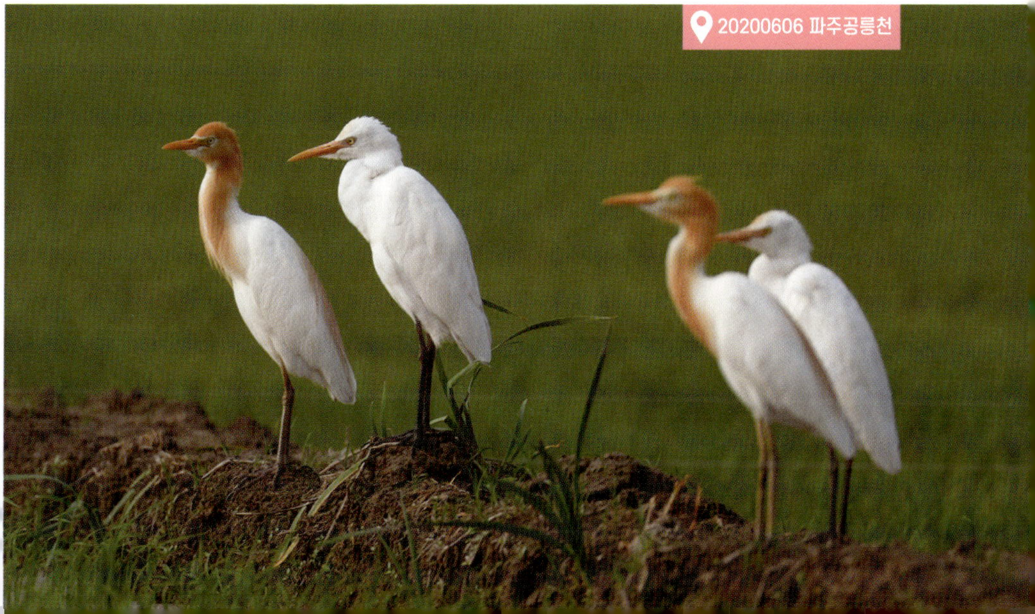
20200606 파주공릉천

후투티

분류 여름철새
목 코뿔소목
과 후투티과
학명 *Upupa epops*
영명 Hoopoe
볼 수 있는 장소 산/공원
특징 오래된 나무구멍을 이용하여 번식하며, 여름철새이나 환경의 변화로 텃새화하고 있다. 깃 모양으로 인디언 추장 새라고도 불린다.

📍 20090425 포천 형성산

📍 20200525 일산호수공원

📍 **후투티를 만난 장소**

#대송습지(경기 안산)

#일산 호수공원(경기 고양)

#청성산(경기 포천)

📍20100530 안산대송습지

📍20100530 안산대송습지

흰꼬리딱새

분류 나그네새
목 참새목
과 솔딱새과
학명 *Ficedula albicilla*
영명 Taiga Flycatcher
볼 수 있는 장소 공원
특징 봄철에는 주로 도서지역에서 발견되나
겨울철에는 내륙에서도 가끔 발견된다.

📍 20100515 충남신진도

📍 20100515 충남신진도

📍 20191110 미추홀공원

📍 흰꼬리딱새를 만난 장소

#신진도(충남 태안)

#미추홀공원(인천송도)

📍 20161210 양수리

#양수리(경기 남양주)

흰눈썹붉은배지빠귀

분류 나그네새
목 참새목
과 지빠귀과
학명 *Turdus obscurus*
영명 Eye-browed Thrush
볼 수 있는 장소 산
특징 봄가을 한반도를 소규모 단위로 통과한다.

20200511 군포 수리산

20100505 춘천 남이섬

20200514 군포 수리산

흰눈썹붉은배지빠귀를 만난 장소

#남이섬(강원 춘천)

#수리산(경기 군포)

71

흰눈썹울새

분류 나그네새
목 참새목
과 솔딱새과
학명 *Luscinia svecica*
영명 Bluethroat
볼 수 있는 장소 섬 인근
특징 봄철에 주로 도서지역 농경지에서 관찰되는 흔치 않은 새이다.

20150425 충남외연도

20150425 충남외연도

20150425 충남외연도

흰눈썹울새를 만난 장소

#외연도(충남 보령)

20150425 충남외연도

흰눈썹지빠귀

분류 나그네새
목 참새목
과 지빠귀과
학명 *Geokichla sibirica*
영명 Siberian Thrush
볼 수 있는 장소 산
특징 봄가을 한반도를 통과

📍 20070926 과천

📍 20110924 군포수리산

📍 20070926 과천

📍 20200516 군포수리산

📍 흰눈썹지빠귀를 만난 장소

#정부청사 뒤(경기 과천)

#수리산(경기 군포)

73

분류 여름철새
목 참새목
과 딱새과
학명 *Ficedula zanthopygia*
영명 Tricolor Flycatcher
볼 수 있는 장소 섬 인근
특징 아름다운 색을 간직한 새로 공원이나 인가 주변에서 나무구멍이나 인공둥지를 이용하여 번식을 한다.

📍 20100515 충남외연도

📍 20100515 충남외연도

📍 20100527 춘천남이섬

📍 흰눈썹황금새를 만난 장소

#남이섬(강원 춘천)

📍 20100505 충남외연도

#외연도(충남 보령)

흰물떼새

분류 나그네새
목 도요목
과 물떼새과
학명 *Charadrius alexandrinus*
영명 Kentish Plover
볼 수 있는 장소 물가
특징 봄가을 한반도를 통과한다. 일부 개체는 번식을 하기도 한다.

📍 20170430 인천송도

📍 20170528 인천송도

📍 20170430 인천송도

📍 20170504 인천송도

📍 흰물떼새를 만난 장소

#송도(경기 인천)

75

흰배멧새

분류 나그네새
목 참새목
과 멧새과
학명 *Emberiza tristrami*
영명 Tristram's Bunting
볼 수 있는 장소 섬 인근
특징 봄가을 한반도를 통과한다. 내륙과 도서지역에서 흔히 관찰된다.

📍 20200421 군포수리산

📍 20150426 충남외연도

📍 20170423 충남외연도

📍 20200428 군포수리산

 📍 흰배멧새를 만난 장소

#외연도(충남 보령)

#수리산(경기 군포)

여름에 만난 새

내가 최고다, 꽥꽥대는 개개비

양지 나들목 골프장 길 지나
성호저수지 연꽃단지 들어선다.
장마철이지만 비는 부슬부슬
입구엔 넝쿨숲 우리를 반긴다.
조롱박, 수세미, 여러 모양 호박들
노란 호박은 신데렐라 마차,
빠른 달팽이는 마차 끄는 마부인 듯.
한쪽은 물방울 동그르르 연잎만,
한쪽은 덜 핀 연잎의 하트만 담아내고
한쪽은 연꽃 자태 한 컷, 바람을 잠재우고
이쪽은 오로지 개개비만 바라본다.
꽃대 타고 올라와 하늘 향한 개개비
내 짝은 어딨니, 짝을 찾는 건지
내가 최고다, 잘난 척 하는 건지
개개비는 세상 향해 큰소리로 꽥꽥꽥꽥
예쁜 몽우리 위 한참을 울다가
여기도 가 보고 저기도 가 보지만
황련 꽃대 위 여기가 제일이다.
개개비는 계속 그 자리로만
일제히 발사되는 사진사들의 셔터 소리
적련이 멋진데 아직 덜 피었네.
몇 개 핀 적련 위 앉기를 바라지만
사진사들 마음 아는지 모르는지
나만 잘났다 꽥꽥대는 개개비
오락가락 비오는 성호저수지

개개비

분류 여름철새
목 참새목
과 휘파람새과
학명 *Acrocephalus orientalis*
영명 Great Reed Warbler
볼 수 있는 장소 물가
특징 번식기에 높은 곳에서 짝을 찾아 애타게 우는 모습이 특징이다. 이천 성호저수지에서는 연꽃에 앉아 우는 모습을 볼 수 있다.

📍 20140713 이천성호저수지

📍 개개비를 만난 장소

#성호저수지(경기 이천)

80

📍 20160710 이천성호저수지

20140713 이천성호저수지

20160702 이천성호저수지

81

검은머리갈매기

분류 텃새
목 도요목
과 갈매기과
학명 *Chroicocephalus saundersi*
영명 Saunders's Gull
볼 수 있는 장소 물가
특징 서해안 바닷가 천적의 접근이 어려운 곳에 둥지를 짓고 알을 낳는다. 무리가 함께 둥지를 짓고 천적으로부터 공동 방어를 한다.

20140607 영종도

20140622 영종도

검은머리갈매기를 만난 장소

#영종도

'아닌 척'의 명수, 검은머리물떼새

영종도 가기 전 왼쪽에 있는 섬, 운염도
비포장도로 따라 한참을 들어가니
새들 지저귀는 소리만.
검은머리물떼새 하늘을 날고
흰목물떼새 아장아장 걷는다.
조금 높은 언덕 위 텐트치고 앉으니
사방은 탁 트여 새소리와 비행기 소리뿐.
여기는 검은머리물떼새.
저기는 흰목물떼새.
나중에 날아온 꼬마물떼새.
검은머리물떼새 얼른 날아올라
둥지를 숨기고자 먼 곳에 가 앉는다.
언덕을 내려가 여기가 둥지다, 까꿍.
엉뚱한 곳에 가서 둥지인 양 알 품는 시늉.
그러다 멀리 날아가 제 둥지 없는 척 먹이를 찾고,
한동안은 다리를 디친 양 절름거리기도 한다.
새끼를 보호하려는 별난 행동
이번에는 둥지 멀리 먹이를 먹는 척 한참을 돌다가
제 둥지 찾아와 알을 품고 앉는다.
그러기를 여러 번.
세 걸음쯤 옆에는 작은 알 세 개, 흰목물떼새 둥지.
두 새들은 자기 새끼 들키지 않으려
남의 둥지 근처만 배회한다.
내 새끼는 없는 척, 남의 둥지 근처만.
오늘은 검은머리물떼새 수컷이 안 보인다.

흰목물떼새는 암수 두 마리 정답게 놀다 가는데,
검은머리물떼새 홀로 알을 품는다.

외로운 운염도엔 〈아닌 척〉의 명수, 검은머리물떼새.
이제 우리는 도요새를 만나러 길을 떠난다.

검은머리물떼새

분류 텃새
목 도요목
과 검은머리물떼새과
학명 *Haematopus ostralegus*
영명 Oystercatcher
볼 수 있는 장소 물가
특징 주로 서해안 특정 섬에서 번식하거나 생활한다. 환경보호로 인하여 개채수가 증가, 특정한 지역이 아닌 곳에서도 발견된다.

📍20170528 인천송도

📍20200625 화성화옹호

📍20200625 화성화옹호

📍 검은머리물떼새를 만난 장소

#송도(경기 인천)

#유부도(전북 군산)

#화옹호(경기 화성)

87

긴꼬리딱새

분류 여름철새
목 참새목
과 긴꼬리딱새과
학명 *Terpsiphone atrocaudata*
영명 Black Paradise Flycatcher
볼 수 있는 장소 산
특징 주로 남부지역에서만 많이 발견되었다. 기후 변화로 중부 내륙에서 번식을 하기도 한다.

20130630 가평보라산

20200620 가평보라산

20200627 가평보라산

20200627 가평보라산

📍 긴꼬리딱새를 만난 장소

#보리산(경기 가평)

안개 낀 가평 산 속에서

안개 낀 가평 산 속
맑은 물 흐르는 어느 계곡
늘어진 가지에 위태롭게 매달린
긴꼬리딱새 둥지에는
목 빼고 기다리는 새끼 네마리,
여기 있다 외치며 날아오는 소리를 기다린다.
먹이 찾아 달려오기 바쁜 엄마와
큰 먹이 찾느라 늦는 긴꼬리 아빠
먹이도 주랴, 똥도 치우랴 바쁘다 바빠.
벌써 날갯짓 시작한 새끼들은
떠날 때가 가까워졌다 말하고 있다.
새끼들을 보내야 하는 엄마 아빠는?
힘든 고비 넘겨서 한숨 돌릴지,
허전한 마음에 눈물 흘릴지……
이 세상 공통분모, 부모는 정말 힘들구나!

성질 급한 두 마리 먼저 집을 나갔다.
엄마 아빠 찾느라 비상 걸렸다.
둥지에 남은 새끼 두 마리는 찬밥 신세……
집 나간 한 마리는 나뭇가지에 안착 마음을 놓았지만……
한 마리 안 보여 애간장 탄다.
애야, 어디 있니? 대답 좀 해라.
울면서 찾지만 보이지 않아.
한참을 찾다가 결국은 해피앤딩.
마지막 한 마리만 남은 모습 끝으로

올해도 긴꼬리딱새는 안녕 ~~~

작은 몸집으로 육추(育雛)라는 큰일을 멋지게 끝낸

엄마 아빠 새들에게 존경을 보낸다.

자연의 섭리에 경의를 표한다.

까막딱따구리

분류 텃새
목 딱따구리목
과 딱따구리과
학명 *Dryocopus martius*
영명 Black Woodpecker
볼 수 있는 장소 산
특징 서식환경이 많이 파괴되어 요즘은 매우 보기 드물다.

📍20090509 춘천남이섬

📍20120616 철원강포리

📍20120616 철원강포리

📍까막딱따구리를 만난 장소

#남이섬(강원 춘천)

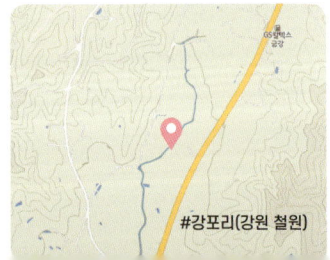

#강포리(강원 철원)

꾀꼬리

분류 여름철새
목 참새목
과 꾀꼬리과
학명 *Oriolus chinensis*
영명 Black-naped Oriole
볼 수 있는 장소 공원
특징 다른 새와 확연히 구별되는 노란색을 띄고 있다. 특히 노랫소리가 아름답다.

📍 20130629 강동나무고아원

📍 20130629 강동나무고아원

 꾀꼬리를 만난 장소

#남이섬(강원 춘천)

📍 20120720 춘천남이섬

#나무고아원(서울 강동)

노랑부리백로

분류 여름철새
목 황새목
과 백로과
학명 *Egretta eulophotes*
영명 Chinese Egret
볼 수 있는 장소 물가
특징 안산시를 대표하는 시의 새로, 서해안 섬에서 번식을 하며 개체수가 점점 줄어들고 있는 추세이다.

📍 노랑부리백로를 만난 장소

#송도(경기 인천)

#관곡지(경기 시흥)

📍 20070617 인천송도

20110501 시흥관곡지

20070617 인천송도

95

뜸부기

분류 여름철새
목 두루미목
과 뜸부기과
학명 *Gallicrex cinerea cinerea*
영명 Watercock
볼 수 있는 장소 들판
특징 공릉천 주변 논에서 번식을 한다. 해마다 찾아오는 개체수가 줄고 서식환경 변화로 인하여 점점 보기 어렵다.

20200606 파주공릉천

20200612 파주공릉천

20200606 파주공릉천

뜸부기를 만난 장소

#공릉천(경기 파주)

누가 뜸북뜸북 뜸북새라 했는가

뜸부기 만나러 공릉천 간 날
잔뜩 낀 안개에 안개비까지
뜸부기 못 찾고 돌아가려다,
아는 분 만나 다시 더 찾기로…

나는 자전거, 남편은 탐사
열심히 타는데 다급한 전화
가보니 논둑 위를
오르락내리락
빨간 벼슬의 검은 새 한 마리,
닭 같이 생긴 검은 새 한 마리

가까이 부르느라 틀어논 녹음기엔,
"꺽, 꺽, 꺽……"
소리 듣고 반응하는 뜸부기도,
"꺽, 꺽, 꺽……"
'꺽'으로 들리는 동요 속 '뜸북이'
분명 '뜸북'이는 아닌 듯.
누가 '꺽'을 '뜸북'이라 했나.

모두들 돌아간 공릉천
퇴근시간 지나면 가자고 느긋이
남편은 뜸부기, 나는 드라마
어디선가 나타난 또 한 마리 뜸부기
한 화각에 두 마리 들어오길……

유인하려 튼 뜸부기 녹음 소리

갑자기 상황 돌변,
두 마리 날개 펴고 험한 자세로,
"야, 너 저리 가. 내 거야!"
"뭐야, 내가 먼저야! 내가 더 멋져!"
상황만으로도 보이는 뜸부기들의 몸짓과 싸움
녹음 속 암컷, 격렬한 싸움
한 마리는 줄행랑, 또 한 마린 의기양양
어두워진 공릉천 나오다 돌아보니
어느새 평화로운 한 마리 뜸부기만.

정체만 피하자는 느긋한 마음이 오늘의 행운으로,
웃음이 절로 나는 뜸부기들 힘 겨루기.
인간사 싸움과 다를 바 없구나.

내 귀에만 '꺽'인지
'팩트 체크'해 보기로
꺼진 불 다시 보듯, 새 소리도 다시 확인

'뜸북'인가 '꺽'인가 그것이 문제로다.
즐거운 공릉천
동요 속 그 뜸부기.

물꿩

📍 20160717 의왕 왕송저수지

📍 20210727창원주남저수지

분류 나그네새
목 도요목
과 물꿩과
학명 *Hydrophasianus chirurgus*
영명 Pheasant-tailed Jacana
볼 수 있는 장소 물가
특징 매우 드물게 보이던 새다.
도래하는 개체수가 많아지는 추
세이며 일부 개체는 한반도에서
번식을 하기도 한다.

📍 **물꿩을 만난 장소**

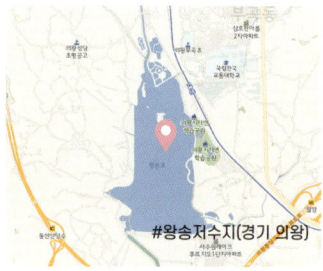

#왕송저수지(경기 의왕)

#주남저수지(경남 창원)

📍 20210727창원주남저수지

물총새

분류 여름철새
목 파랑새목
과 물총새과
학명 *Alcedo atthis bengalensis*
영명 Common Kingfisher
볼 수 있는 장소 물가
특징 흔하게 볼 수 있는 여름철새였으나 무분별한 항공 방제나 농로개선사업으로 개천에 있는 서식지가 많이 파괴되어 개체수가 많이 줄었다. 최근 들어 친환경농업으로 먹이가 풍부해져 흔하게 볼 수 있게 되었으며 일부는 텃새화되었다.

📍 20110817 의왕 왕송저수지

📍 20110817 의왕 왕송저수지

📍 물총새를 만난 장소

#왕송저수지(경기 의왕)

#공릉천(경기 파주)

📍 20090829 파주 공릉천

붉은배새매

분류 여름철새
목 매목
과 수리과
학명 *Accipiter soloensis*
영명 Chinese Sparrow Hawk
볼 수 있는 장소 산
특징 주된 먹이는 개구리로 농경지에 인접한 얕은 산에 둥지를 틀고 번식을 한다.

20210718충주태고산

20210718충주태고산

20080727 광주남한산성

20080720 광주남한산성

20080726 광주남한산성

붉은배새매를 만난 장소

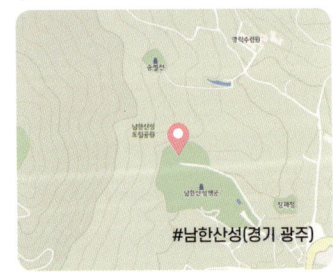
#남한산성(경기 광주)

#태고산(충북 충주)

붉은부리찌르레기

분류 나그네새
목 참새목
과 찌르레기과
학명 *Spodiopsar sericeus*
영명 Red-billed Starling
볼 수 있는 장소 공원
특징 봄철 한반도를 통과하는 새이나 일부 개체는 특정한 지역에서 번식을 하기도 한다.

📍 20200707 충주호암지

📍 20200707 충주호암지

📍 20200707 충주호암지

📍 20200707 충주호암지

📍 붉은부리찌르레기를 만난 장소

#호암지(충북 충주)

새호리기(새홀리기)

분류 여름철새
목 매목
과 매과
학명 *Falco subbuteo*
영명 Hobby
볼 수 있는 장소 공원
특징 사람을 피하지 않으며 도심속
공원에서 번식을 하기도 한다.

📍20190824 송도미추홀공원

📍20190901 송도미추홀공원

📍20190831 송도미추홀공원

📍새호리기를 만난 장소

#미추홀공원(인천송도)

쇠뜸부기사촌

분류 여름철새
목 두루미목
과 뜸부기과
학명 *Porzana fusca*
영명 Ruddy Crake
볼 수 있는 장소 들판
특징 드물게 찾아오며 한 번 찾아온 곳에 매년 도래한다.

📍 20200616 파주공릉천

📍 20200614 파주공릉천

📍 20200616 파주공릉천

📍 20200618 파주공릉천

📍 쇠뜸부기사촌을 만난 장소

#공릉천(경기 파주)

105

쇠제비갈매기

분류 여름철새
목 도요목
과 갈매기과
학명 *Sterna albifrons*
영명 Little Tern
볼 수 있는 장소 물가
특징 인가와 멀리 떨어진 모래사장이나 천적이 드문 황무지 벌판에서 번식을 한다.

📍 20110604 안산대송습지

📍 20110607 안산대송습지

📍 20210427 남양주 왕숙천

📍 쇠제비갈매기를 만난 장소

#대송습지(경기 안산)

📍 20210427 남양주 왕숙천

#왕숙천(경기 남양주)

올빼미

분류 텃새
목 올빼미목
과 올빼미과
학명 *Strix aluco*
영명 Korean Wood Owl
볼 수 있는 장소 산
특징 개체수가 적은 편이라 관찰하기가 매우 어렵다. 의외로 춘천 남이섬에서 만나볼 수 있었다.

📍 20210514 춘천남이섬

📍 20210514 춘천남이섬

📍 20210514 춘천남이섬

📍 **올빼미를 만난 장소**

#남이섬(강원 춘천)

왕눈물떼새

분류 나그네새
목 도요목
과 물떼새과
학명 *Charadrius mongolus*
영명 Mongolian Plover
볼 수 있는 장소 물가
특징 봄가을 한반도를 지난
다. 도서지역에서 발견되며,
여름깃 가슴색이 오렌지색을
띤다.

📍 20210806 강릉안목항

📍 20210806 강릉안목항

📍 20210806 강릉안목항

📍 왕눈물떼새를 만난 장소

#안목항(강원 강릉)

잣까마귀

분류 텃새
목 참새목
과 까마귀과
학명 *Nucifraga caryocatactes*
영명 Spotted Nutcracker
볼 수 있는 장소 산
특징 고산지대에서 서식하며, 설악산 대청봉에서 일부 개체가 발견된다.

📍20210805설악산대청봉

📍20210805설악산대청봉

📍20210805설악산대청봉

📍20210805설악산대청봉

📍 잣까마귀를 만난 장소

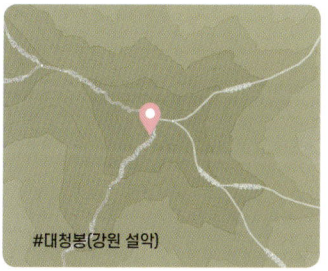

#대청봉(강원 설악)

장다리물떼새

분류 나그네새
목 도요목
과 장다리물떼새과
학명 *Himantopus himantopus*
영명 Black-winged Stilt
볼 수 있는 장소 물가
특징 주기적으로 한반도를 통과하며, 일부는 번식하기도 한다.

📍 20160612 인천송도

📍 20180422 시흥관곡지

📍 20160612 인천송도

📍 장다리물떼새를 만난 장소

#송도(경기 인천)

#관곡지(경기 시흥)

111

참매

분류 텃새
목 수리목
과 수리과
학명 *Accipiter gentilis schvedow*
영명 Goshawk
볼 수 있는 장소 산
특징 보기드문 텃새로 깊은 산속보다는 얕은 산과 도심 속에서 작은 새들을 주로 먹이로 삼는다. 비둘기나 작은 새, 청설모 등을 잡아먹는다.

📍20210615 수원여기산

📍2018042210615 수원여기산

📍20210615 수원여기산

📍 참매를 만난 장소

#여기산(경기 수원)

📍20210615 수원여기산

청호반새

분류 여름철새
목 파랑새목
과 물총새과
학명 *Halcyon pileata*
영명 Black-capped Kingfisher
볼 수 있는 장소 산
특징 환경 변화로 매년 도래하는 개체수
가 줄어들고 있다. 주로 흙벼랑 절개지
에 구멍을 만들어 번식을 한다.

📍 20070801 광주미역산

📍 20070801 광주미역산

📍 20070728 광주미역산

📍 청호반새를 만난 장소

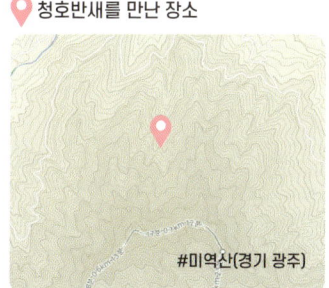

#미역산(경기 광주)

📍 20070620 광주미역산

113

파랑새

분류 여름철새
목 파랑새목
과 파랑새과
학명 *Eurystomus orientalis*
영명 Broad-billed Roller
볼 수 있는 장소 산
특징 딱따구리나 까치 등 다른 새가 만든 둥지에 번식을 한다.

📍 20200717 춘천남이섬

📍 20200717 춘천남이섬

📍 **파랑새를 만난 장소**

#남이섬(강원 춘천)

📍 20200715 괴산조령산

#조령산

팔색조

20210617부천거마산

20210617부천거마산

분류 여름철새
목 참새목
과 팔색조과
학명 *Pitta nympha*
영명 Fairy Pitta
볼 수 있는 장소 공원
특징 제주도나 거제도 등 특정한 남부지역에서만 발견되었다. 환경변화로 내륙에서도 종종 발견된다.

20210617부천거마산

📍 **팔색조를 만난 장소**

#거마산(경기 부천)

115

한국뜸부기

분류 나그네새
목 두루미목
과 뜸부기과
학명 *Porzana paykullii*
영명 Siberian Ruddy Crake
볼 수 있는 장소 들판
특징 우리나라에서 보기 드물었으나 2008년도 신정동 아파트 지하주차장에서 발견된 적이 있다.

📍 20210827 파주공릉천

📍 20210827 파주공릉천

📍 20210827 파주공릉천

📍 20210827 파주공릉천

📍 **한국뜸부기를 만난 장소**

#공릉천(경기 파주)

호랑지빠귀

분류 여름철새
목 참새목
과 지빠귀과
학명 *Zoothera dauma*
영명 White's Ground Thrush
볼 수 있는 장소 공원
특징 주로 지렁이가 많은 습
한 지역에서 서식하며, 전국
곳곳에서 쉽게 관찰된다.

20200712 안동도산서원

20200712 안동도산서원

20200712 안동도산서원

20200712 안동도산서원

호랑지빠귀를 만난 장소

#도산서원(경북 안동)

117

호반새

분류 여름철새
목 파랑새목
과 물총새과
학명 *Halcyon coromanda*
영명 Ruddy Kingfisher
볼 수 있는 장소 공원
특징 주로 나무둥지를 이용하여 번식하며 붉은 기운의 독특한 색 때문에 쉽게 발견된다.

📍 20120527 춘천남이섬

📍 20120527 춘천남이섬

📍 20120527 춘천남이섬

📍 20120527 춘천남이섬

📍 호반새를 만난 장소

#남이섬(강원 춘천)

118

호사도요

분류 길잃은새
목 도요목
과 호사도요과
학명 *Rostratula benghalensis*
영명 Greater Painted-snipe
볼 수 있는 장소 물가
특징 일처다부제로 새로 잘 알려졌다. 새끼를
낳으면 수컷이 포란이나 육추를 담당한다.

20170606 화성호곡리

20100221 고창덕산리

20170606 화성호곡리

20170606 화성호곡리

호사도요를 만난 장소

#덕산리(전북 고창)

호곡리(경기 화성)

아빠가 키운다, 호사도요 내 새끼들

화성시 우정읍 호곡교회 지나 광장목장 옆길

좁다란 논길 따라 들어가면

물댄 논, 갓 심은 벼 사이로 뭔가 움직인다.

작은 새 한 마리에 새끼 두 마리

논 가장자리로 숨어다닌다.

언뜻 보면 풀에 가려 알아보기 힘들 정도

눈 크게 뜨고 보니 호사도요 수컷과 새끼 두 마리

새끼 돌보는 정성이 지극하다.

호사도요는 일처다부제

암컷은 좋겠다, 육아에서 해방되니…….

수컷이 알도 품고, 새끼도 키우고,

암컷이 호사한다 호사도요란다.

얘들아, 여기 있어라.

꽁꽁 숨겨놓고

새끼들 들킬까 봐 멀리 날아가 다친 척

이리저리 날아다니며 눈속임 하다가

할수없이 새끼곁 돌아와

먹이도 먹이고, 날개 단장도 하고

아빠는 여러 가지 하느라 너무 바쁘다.

새끼들은 새끼들대로 작지만 날쌔다.

여긴가 했더니 벌써 저리로,

저기겠지 했더니 벌써 옆논으로.

날지는 못하지만

그래도 짧은 다리 빠르기도 하네.

육아의 명수, 수컷 호사도요.

대한민국 아빠들 본받으면

저출산 문제 해결할 텐데…….

오늘도 아빠 따라 룰루랄라

호사도요 새끼들.

흰날개해오라기

분류 나그네새
목 참새목
과 백로과
학명 *Ardeola bacchus*
영명 Chinese Pond Heron
볼 수 있는 장소 산
특징 봄가을 한반도를 통과한다. 일부 개체가 백로 무리 속에서 번식하는 것이 관찰되었다.

20160501 충남신진도

20200517 충남신진도

20200709 강화교동도

20200709 강화교동도

흰날개해오라기를 만난 장소

#신진도(충남 태안)

#교동도(경기 강화)

흰참새알비노

분류 텃새
목 참새목
과 참새과
학명 *Passer montanus*
영명 Tree Sparrow
볼 수 있는 장소 공원

특징 알비노는 염색체 이상으로 인한 특이한 색깔 때문에 천적에게 쉽게 노출되어 피해를 당하기 쉽다.

📍 20200721 춘천약사천

📍 20200721 춘천약사천

📍 20200721 춘천약사천

📍흰참새알비노를 만난 장소

#약사천(강원 춘천)

📍 20200721 춘천약사천

📍 20200721 춘천약사천

123

가을에 만난 새

비둘기조롱이

분류 나그네새
목 매목
과 매과
학명 *Falco amurensis*
영명 Amur Falcon
볼 수 있는 장소 들판
특징 매년 일정한 시기에 특정한 지역을 통과한다. 공릉천에서 가을철에 주로 발견된다.

📍 20191013 파주공릉천

📍 20191013 파주공릉천

📍 20191013 파주공릉천

📍 20191013 파주공릉천

📍 비둘기조롱이를 만난 장소

#공릉천(경기 파주)

쇠재두루미

분류 길잃은새
목 두루미목
과 두루미과
학명 *Grus virgo*
영명 Demoiselle Crane
볼 수 있는 장소 섬 인근
특징 덩치가 크며, 우리나라에서 아주 드물게 발견된다.

📍 20201016 신안흑산도

📍 20201016 신안흑산도

📍 20201016 신안흑산도

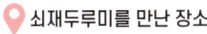
📍 쇠재두루미를 만난 장소

#흑산도(전남 신안)

📍 20201016 신안흑산도

겨울에 만난 새

갈색양진이

분류 겨울철새
목 참새목
과 되새과
학명 *Leucosticte arctoa brunneonucha*
영명 Rosy Finch
볼 수 있는 장소 산
특징 겨울철 바위가 많은 고지대에 서식하며, 떼로 몰려다닌다.

📍 20100313 무주덕유산

📍 20210127 태백바람의언덕

📍 20090131 부산금정산

📍 갈색양진이를 만난 장소

#금정산(부산)

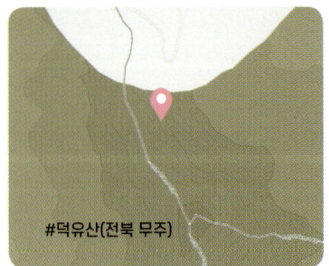

#덕유산(전북 무주)

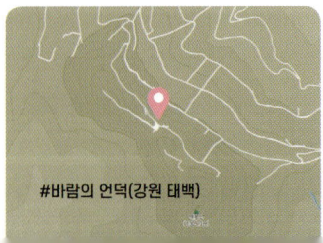

#바람의 언덕(강원 태백)

개리

분류 겨울철새
목 기러기목
과 오리과
학명 *Anser cygnoid*
영명 Swan Goose
볼 수 있는 장소 물가
특징 한강하구에서 흔히 볼 수 있다. 거위의 원조격이며 하천이나 호숫가의 풀뿌리를 주식으로 한다.

📍 20201111 강화교동도

📍 20201111 강화교동도

 📍 개리를 만난 장소

📍 20201111 강화교동도

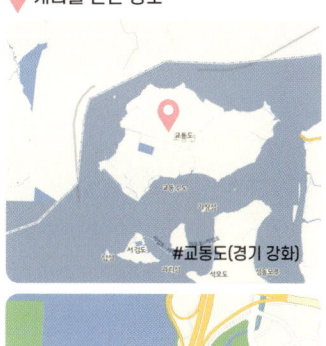

#교동도(경기 강화)

📍 20210206 파주출판단지

#출판단지습지(경기 파주)

검은머리흰죽지

분류 겨울철새
목 기러기목
과 오리과
학명 *Aythya marila*
영명 Greater Scaup
볼 수 있는 장소 물가
특징 매년 일부 개체는 도서지역에서 번식도 하고, 계절에 관계없이 볼 수 있다.

20191225 속초청초호

20191225 속초청초호

📍 검은머리흰죽지를 만난 장소

#청초호(강원 속초)

20191225 속초청초호

20191225 속초청초호

검은목두루미

분류 겨울철새
목 두루미목
과 두루미과
학명 *Grus grus lilfordi*
영명 Common Crane
볼 수 있는 장소 들판
특징 목 부분이 검다. 흑두루미 무리 속에 섞여 있으며,
간혹 다른 두루미와 교잡종을 찾을 수 있다.

📍20181202 서산천수만

📍20210307 서산천수만

📍20181202 서산천수만

📍검은목두루미를 만난 장소

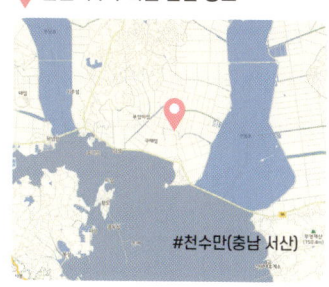

#천수만(충남 서산)

📍20181202 서산천수만

검은어깨매(검은어깨솔개)

분류 길잃은새
목 수리목
과 수리과
학명 *Elanus caeruleus*
영명 Black-winged Kite
볼 수 있는 장소 들판
특징 겨울철에 보인다. 해가 갈수록 개체수가 늘어난다.

📍 20150130 여주양촌리

📍 20200312 군산회현면일대

📍 20150201 여주양촌리

📍 검은어깨매를 만난 장소

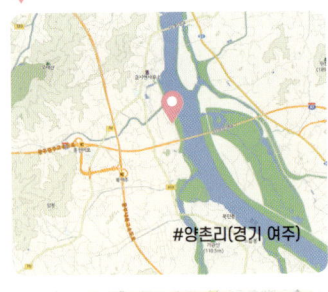

#양촌리(경기 여주)

#회현면일대(전북 군산)

20150131 여주양촌리

20200310 군산회현면일대

20150130 여주양촌리

135

검은이마직박구리

분류 나그네새
목 참새목
과 직박구리과
학명 *Pycnonotus sinensis*
영명 Light-vented Bulbul
볼 수 있는 장소 물가
특징 매년 일부 개체는 도서지역에서
번식도 하고, 계절에 관계없이 볼 수
있다.

📍 20181216 안산갈대습지공원

📍 20181216 안산갈대습지공원

📍 20181202 안산갈대습지공원

📍 20161222 안산갈대습지공원

📍 검은이마직박구리를 만난 장소

#안산 갈대습지공원(경기 안산)

고방오리

분류 겨울철새
목 기러기목
과 오리과
학명 *Anas acuta*
영명 Pintail
볼 수 있는 장소 물가
특징 귀티나는 선명한 색깔로 눈에 확
띈다. 겨울철 개천이나 호수에서 흔히
볼 수 있다.

20141114 성동구중랑천

20201224 성동구중랑천

20201224 성동구중랑천

📍 고방오리를 만난 장소

#중랑천하구(서울 성동구)

20141114 성동구중랑천

137

금눈쇠올빼미

분류 겨울철새
목 올빼미목
과 올빼미과
학명 *Athene noctua*
영명 Little Owl
볼 수 있는 장소 들판
특징 금색 눈이 특징이며, 들쥐가 많은 곳에 주로 서식한다. 단독생활을 한다.

20180218 김포강서한강공원

📍 금눈쇠올빼미를 만난 장소

20101013 파주공릉천

#공릉천(경기 파주)

#강서한강공원(서울 김포)

#왕모대(경기 화성)

20200105 화성왕모대

긴꼬리때까치

분류 겨울철새
목 참새목
과 때까치과
학명 *Lanius schach*
영명 Long-tailed Shrike
볼 수 있는 장소 공원
특징 때까치 종류 중 덩치가 큰 편이다. 눈 주변이 검고, 수컷은 꼬리가 길다.

20191130 송도미추홀공원

20200104 송도미추홀공원

20121203 안산대송습지

긴꼬리때까치를 만난 장소

#대송습지(경기 안산)

#미추홀공원(인천송도)

20191130 송도미추홀공원

꼬까울새

분류 길잃은새
목 참새목
과 솔딱새과
학명 *Erithacus rubecula*
영명 European Robin
볼 수 있는 장소 공원
특징 유럽 공원 등지에서 흔히 볼 수 있다. 그런데 2014년 암사동 한강변에서 발견되었으며 가끔 섬에서 발견된다.

📍 20141029 암사생태공원

📍 20140209 암사생태공원

📍 20140201 암사생태공원

📍 20140201 암사생태공원

📍 20140129 암사생태공원

📍 꼬까울새를 만난 장소

#암사생태공원(서울 송파)

141

나무발바리

분류 겨울철새
목 참새목
과 나무발바리과
학명 *Certhia familiaris*
영명 Treecreeper
볼 수 있는 장소 공원
특징 나무를 오르내리며 벌레를 잡아먹는다. 이동 시기에는 몇 마리가 함께 보이기도 한다.

📍 20200121 종로창경궁

📍 20200121 종로창경궁

📍 나무발바리를 만난 장소

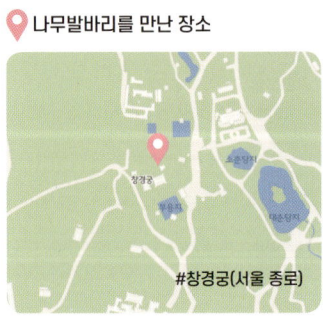

#창경궁(서울 종로)

📍 20200121 종로창경궁

142

넓적부리

분류 겨울철새
목 기러기목
과 오리과
학명 *Anas clypeata*
영명 Shoveler
볼 수 있는 장소 물가
특징 선명한 색깔로 눈에 확 띈다. 겨울철 개천이나 호수에서 흔히 볼 수 있다.

20201114 중랑천

20210207 중랑천

20201114 중랑천

20210207 중랑천

20140105 중랑천

넓적부리를 만난 장소

#중랑천하구(서울 성동구)

143

느시

분류 겨울철새
목 두루미목
과 느시과
학명 *Otis tarda*
영명 Great Bustard
볼 수 있는 장소 들판
특징 우리나라에서 흔히 보기는 어렵다. 2016년 경기도 여주, 2020년 전라도 만경강 일대에서 발견되었다. 넓은 들판에서 생활한다.

📍20161231 여주매화리

📍느시를 만난 장소

#매화리(경기 여주)

📍20161231 여주매화리

📍20161231 여주매화리

📍20161231 여주매화리

댕기흰죽지

분류 겨울철새
목 기러기목
과 오리과
학명 *Aythya fuligula*
영명 Tufted Duck
볼 수 있는 장소 물가
특징 겨울철 개천이나 호숫가에서 흔히 볼 수 있다. 대단위로 서식한다. 머리에 댕기 모양의 깃이 있다.

📍 20140105 중랑천

📍 20140105 중랑천

📍 20140105 중랑천

📍 댕기흰죽지를 만난 장소

#중랑천하구(서울 성동구)

동고비

분류 텃새
목 참새목
과 동고비과
학명 *Sitta europaea*
영명 Eurasian Nuthatch
볼 수 있는 장소 산
특징 여느 새와는 다르게 나무에 거꾸로 매달려 나무 껍질 속의 작은 벌레 등을 잡아먹는다.

📍20090206 서울대공원

📍20080214 서울대공원

📍20080210 서울대공원

📍20200421 군포수리산

📍 동고비를 만난 장소

#서울대공원(경기 과천)

#수리산(경기 군포)

동고비알비노

분류 텃새
목 참새목
과 동고비과
학명 *Sitta europaea*
영명 Eurasian Nuthatch
볼 수 있는 장소 산
특징 알비노는 염색체 이상으로 생긴 특이한 색깔 때문에 천적에게 쉽게 노출되어 피해를 당하기 쉽다.

📍20130109 수원광교산

📍20130109 수원광교산

📍동고비알비노를 만난 장소

#광교산(경기 수원)

📍20130109 수원광교산

📍20130109 수원광교산

147

두루미

분류 겨울철새
목 두루미목
과 두루미과
학명 *Grus japonensis*
영명 Red-crowned Crane
볼 수 있는 장소 들판
특징 철원과 같은 추운 지방으로 내려와 떼로 월동
한다. 철원에서는 먹이를 주며 보호한다.

📍 20081207 철원동송

📍 20081207 철원동송

📍 20081207 철원동송

📍 20081207 철원동송

📍 두루미를 만난 장소

#동송(강원 철원)

뒷부리장다리물떼새

분류 겨울철새
목 도요목
과 장다리물떼새과
학명 *Recurvirostra avosetta*
영명 Pied Avocet
볼 수 있는 장소 물가
특징 부리가 가늘고 위로 휘어져 먹이 활동에 용이하다. 갯벌에서 생활한다.

📍20080208 인천송도

📍20080208 인천송도

📍20080208 인천송도

📍**뒷부리장다리물떼새를 만난 장소**

#개발 전(인천 송도)

📍20080208 인천송도

149

들꿩

분류 **텃새**
목 **닭목**
과 **꿩과**
학명 *Tetrastes bonasia*
영명 **Hazel Grouse**
볼 수 있는 장소 **산**
특징 야생화 단지에서나 나무에 깊은 산속
에서 새순이 돋을 때 볼 수 있다.

📍 20200326 남양주세정사

📍 20200328 남양주세정사

📍 20200328 남양주세정사

📍 들꿩을 만난 장소

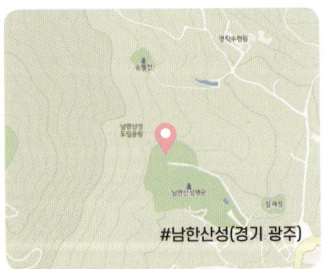

#남한산성(경기 광주)

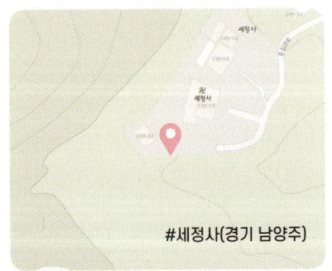

#세정사(경기 남양주)

📍 20160312 남한산성

151

나 홀로 외로워, 딱새

누구를 기다리나?
어둔 배경 저쪽에 무엇이 있는지,
딱새 한 마리 먼 곳을 응시한다.
멋들어진 나무, 깜깜한 배경
까만 눈동자, 매끄러운 등 빛깔
한 편의 화첩 속 너의 눈길이 못내 아쉽구나.

기다리는 짝궁은 만났는지 궁금하다, 나의 딱새야.

딱새

분류 텃새
목 참새목
과 딱새과
학명 *Phoenicurus auroreus*
영명 Daurian Redstart
볼 수 있는 장소 산
특징 민가 주위에서 가장 흔하게 볼 수
있다. 천적으로부터 보호하기 쉽게 민가
주변에서 주로 번식한다.

20201126 종로창경궁

20071003 군포수리산

20090116 서울대공원

📍 딱새를 만난 장소

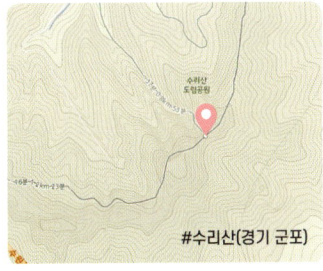

#수리산(경기 군포)

#서울대공원(경기 과천)

#창경궁(서울 종로)

매

분류 텃새
목 매목
과 매과
학명 *Falco peregrinus*
영명 Peregrine Falcon
볼 수 있는 장소 해안가
특징 주로 바닷가 해안 절벽에 살
며 작은 새들을 주식으로 한다.

📍 20210224 서귀포

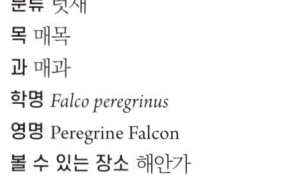

📍 20210224 서귀포

📍 20210224 서귀포

📍 20210224 서귀포

📍 매를 만난 장소

📍 20210224 서귀포

#올레길5코스 금호리조트(제주 서귀포)

멋쟁이새

분류 겨울철새
목 참새목
과 되새과
학명 *Pyrrhula pyrrhula rosacea*
영명 Bullfinch
볼 수 있는 장소 공원
특징 광릉수목원이나 철원 등 추운 지역에서 드물게 보이며, 암수의 색깔이 다르다.

📍 20180127 광릉수목원

📍 20180203 광릉수목원

📍 20180127 광릉수목원

📍 20090216 서울대공원

📍 멋쟁이새를 만난 장소

#서울대공원(경기 과천)

#광릉수목원

155

물때까치

분류 겨울철새
목 참새목
과 때까치과
학명 *Lanius sphenocercus*
영명 Chinese Grey Shrike
볼 수 있는 장소 들판
특징 먹이 사냥이 용이한 넓은 개활지 등에서
많이 보인다.

20150131 여주양촌리

20150130 여주양촌리

20150131 여주양촌리

20150131 여주양촌리

물때까치를 만난 장소

#양촌리(경기 여주)

밀화부리

분류 여름철새
목 참새목
과 되새과
학명 *Eophona migratoria*
영명 Yellow-billed Grosbeak
볼 수 있는 장소 공원
특징 대단위로 이동을 하며, 계절
에 관계없이 관찰되며, 일부 개체
를 나그네새로 보기도 한다.

📍 20130113 서울숲

📍 20130113 서울숲

📍 20180114 종로창경궁

📍 20130113 서울숲

📍 20130113 서울숲

📍 밀화부리를 만난 장소

#서울숲(서울 성동)

#창경궁(서울 종로)

바위종다리

분류 겨울철새
목 참새목
과 바위종다리과
학명 *Prunella collaris*
영명 Alpine Accentor
볼 수 있는 장소 산
특징 바위가 많은 높은 산 정상 부위에 주로 보이기도 하고 군집생활을 한다. 등산객들이 머무르는 바위산 정상에서 볼 수 있다.

📍 20180311 남양주불암산

📍 20180311 남양주불암산

📍 20190206 남양주불암

📍 20090131 부산금정산

📍 바위종다리를 만난 장소

#금정산(부산)

#불암산(경기 남양주)

📍 20190206 남양주불암산

📍 20190206 남양주불암산

부채꼬리바위딱새

분류 길잃은새
목 참새목
과 솔딱새과
학명 *Rhyacornis fuliginosa*
영명 Plumbeous Water Redstart
볼 수 있는 장소 공원
특징 겨울철 드물게 보였는데, 해에 따라 발견되는 개체수가 차이가 많이 난다.

📍 20100321 대전갑천

📍 20161224 남양주

📍 20100307 대전갑천

📍 20161224 남양주

📍 부채꼬리바위딱새를 만난 장소

#양수리(경기 남양주)

#갑천(충남 대전)

160

북미댕기흰죽지(줄부리오리)

📍 20210104 세종시부강면

분류 길잃은새
목 기러기목
과 오리과
학명 *Aythya collaris*
영명 Ring-necked Duck
볼 수 있는 장소 물가
특징 한반도에서는 아주 드물게 관찰된다. 2021년 1월 세종시의 개천에서 발견된 적이 있다.

📍 20210104 세종시부강면

📍 20210104 세종시부강면

📍 북미댕기흰죽지를 만난 장소

#금강 부강면(충남 세종)

📍 20210104 세종시부강면

161

분홍찌르레기

분류 길잃은새
목 참새목
과 찌르레기과
학명 *Pastor roseus*
영명 Rosy Starling
볼 수 있는 장소 들판
특징 봄철 섬에서나 가끔 발견된다. 2020년 겨울 강화도에서 찌르레기 무리와 함께 생활하는 것이 발견되었다.

📍 20210227 강화도

📍 20210227 강화도

📍 20210302 강화도

📍 20210219 강화도

📍 분홍찌르레기를 만난 장소

#인산리(경기 강화)

162

붉은가슴흰꼬리딱새

분류 나그네새
목 참새목
과 솔딱새과
학명 *Ficedula parva*
영명 Red-breasted Flycatcher
볼 수 있는 장소 공원
특징 봄철 주로 도서지역에서 발견
된다. 겨울철에는 내륙에서도 가끔
발견된다.

📍 20201223 안산호수공원

📍 20201223 안산호수공원

📍 20201223 안산호수공원

📍 붉은가슴흰꼬리딱새를 만난 장소

#호수공원(경기 안산)

📍 20201221 안산호수공원

붉은목지빠귀

분류 나그네새
목 참새목
과 지빠귀과
학명 *Turdus ruficollis*
영명 Red-throated Thrush
볼 수 있는 장소 공원
특징 겨울철 특정한 지역에서 가끔
발견된다.

📍 20140105 농협대학교

📍 20140105 농협대학교

📍 20210203 소래습지생태공원

📍 붉은목지빠귀를 만난 장소

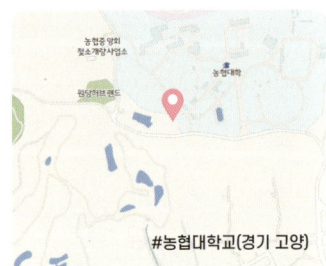

#농협대학교(경기 고양)

#소래습지생태공원(경기 안산)

📍 20140104 농협대학교

📍 20210203 소래습지생태공원

붉은부리흰죽지

분류 길잃은새
목 기러기목
과 오리과
학명 *Netta rufina*
영명 Red-crested Pochard
볼 수 있는 장소 물가
특징 길을 잃고 한반도에서 가끔 발견되며, 주로 하천에서 보인다.

📍 20201227 대전갑천

📍 20201227 대전갑천

📍 붉은부리흰죽지를 만난 장소

#굴포천(경기 부천)

📍 20210109 부천굴포천

#갑천(충남 대전)

📍 20210109 부천굴포천

붉은양진이(적원자)

분류 나그네새
목 참새목
과 되새과
학명 *Carpodacus erythrinus*
영명 Scarlet Finch
볼 수 있는 장소 습지
특징 드물게 새떼에 섞여서 발견되기도 하고, 단독으로 발견되기도 한다.

📍20200214 시흥포동

📍20200214 시흥포동

📍붉은양진이를 만난 장소

#포동(경기 시흥)

📍20200214 시흥포동

📍20200214 시흥포동

167

붉은왜가리

분류 나그네새
목 황새목
과 백로과
학명 *Ardea purpurea*
영명 Purple Heron
볼 수 있는 장소 들판
특징 봄가을 한반도를 통과한다. 도서지역이나
인적이 드문 곳에서 아주 드물게 관찰된다.

📍 20131110 안산대송습지

📍 20131110 안산대송습지

📍 20131110 안산대송습지

📍 붉은왜가리를 만난 장소

#대송습지(경기 안산)

비오리

분류 겨울철새
목 기러기목
과 오리과
학명 *Mergus merganser*
영명 Common Merganser
볼 수 있는 장소 물가
특징 단독으로나 암수가 같이 생활한다. 개천가에 주로 보인다.

📍 20210110 청라지구

📍 20210110 청라지구

📍 20210110 청라지구

📍 비오리를 만난 장소

#청라(경기 인천)

📍 20210110 청라지구

📍 20210110 청라지구

새매

분류 텃새
목 매목
과 수리과
학명 *Accipiter nisus*
영명 Eurasian Sparrowhawk
볼 수 있는 장소 공원
특징 주로 인적이 뜸한 깊은 산속에서 볼 수 있다. 서식지 환경변화로 먹이를 쉽게 구할 수 있는 도심의 공원에서도 발견된다.

📍 20120219 안양학의천

📍 20200301 종로창경궁

📍 **새매를 만난 장소**

#학의천(경기 안양)

📍 20200301 종로창경궁

#창경궁(서울 종로)

쇠동고비

분류 겨울철새
목 참새목
과 동고비과
학명 *Sitta villosa*
영명 Chinese Nuthatch
볼 수 있는 장소 공원
특징 동고비 중 작은 종류로 소나무 열매를 주식으로 하며 소나무가 많은 군락지에서 볼 수 있다. 해마다 도래하는 개체수의 차이가 크다.

📍 20121103 안산호수공원

📍 20121021 안산호수공원

📍 **쇠동고비를 만난 장소**

📍 20200226 종로창경궁

#호수공원(경기 안산)

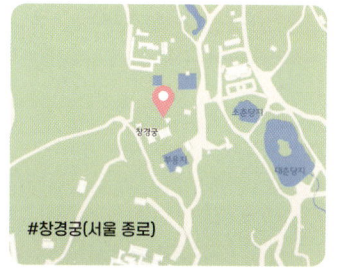

#창경궁(서울 종로)

쇠부엉이

분류 겨울철새
목 올빼미목
과 올빼미과
학명 *Asio flammeus*
영명 Short-eared Owl
볼 수 있는 장소 들판
특징 농경지 등 들쥐가 많은 개활지에
서 볼 수 있다.

📍 20080205 강서한강공원

📍 20080128 강서한강공원

📍 쇠부엉이를 만난 장소

📍 20160209 평택금각리

#강서한강공원(서울 김포)

#양촌리(경기 여주)

#금각리(경기 평택)

수리부엉이

분류 텃새
목 올빼미목
과 올빼미과
학명 *Bubo bubo*
영명 Eurasian Eagle Owl
볼 수 있는 장소 산
특징 한반도에 사는 새 중 가장 덩치가 크다. 오리 들쥐 산토끼 등을 주식으로 한다. 주로 야간에 활동한다.

📍 20190101 지지대고개

📍 수리부엉이를 만난 장소

📍 20210110 대송습지

📍 20190101 지지대고개

#대송습지(경기 안산)

#지지대고개(경기 수원)

스윈호오목눈이

분류 겨울철새
목 참새목
과 스윈호오목눈이과
학명 *Remiz pendulinus*
영명 Chinese Penduline Tit
볼 수 있는 장소 습지
특징 갈대가 많이 자라는 개천가 호숫가에서 많이 보인다. 갈대 속 곤충들을 잘 찾아먹기 위하여 부리 모양이 매우 가늘며 집단생활을 한다.

📍 20121225 갈대습지공원

📍 20181223 갈대습지공원

📍 20181223 갈대습지공원

📍 20181223 갈대습지공원

📍 스윈호오목눈이를 만난 장소

#갈대습지공원(경기 안산)

아물쇠딱따구리

분류 텃새
목 딱따구리목
과 딱따구리과
학명 *Dendrocopos canicapillus*
영명 Gray-headed Pigmy Woodpecker
볼 수 있는 장소 공원
특징 비교적 드물게 보인다. 봄이나 겨울에는 평지로 내려와 쉽게 볼 수 있다.

📍 20200226 창경궁

📍 20200528 일산호수공원

📍 20200226 창경궁

📍 아물쇠딱따구리를 만난 장소

#창경궁(서울 종로)

#일산 호수공원(경기 고양)

177

양진이

분류 겨울철새
목 참새목
과 되새과
학명 *Carpodacus roseus*
영명 Pallas's Rosy Finch
볼 수 있는 장소 공원
특징 특정지역에서 흔히 볼 수 있다. 수컷은 화려한 붉은색을 띤다.

20100209 광릉수목원

📍 20180113 광릉수목원

📍 20180113 광릉수목원

📍 20180113 광릉수목원

📍 양진이를 만난 장소

#광릉수목원(경기 포천)

여새

분류 겨울철새
목 참새목
과 여새과
학명 *Bombycilla japonica*
영명 Japanese Waxwing, Bohemian Waxwing
볼 수 있는 장소 공원
특징 도시의 정원과 공원 등지에서 군집생활을
한다. 홍여새와 황여새가 있다.

📍 20200114 송도미추홀공원

📍 20180201 올림픽공원

📍 20200201 송도미추홀공원

📍 여새를 만난 장소

#미추홀공원(인천송도)

#올림픽공원(서울 송파)

180

20200114 송도미추홀공원

20200114 송도미추홀공원

재두루미

분류 겨울철새
목 두루미목
과 두루미과
학명 *Grus vipio*
영명 White-naped Crane
볼 수 있는 장소 들판
특징 재두루미는 눈 주변이 붉고, 몸은 회색이다. 먹이 활동은 주로 가족 단위로 하며 잠을 잘 때는 천적으로부터 보호하기 위해 물가에서 집단을 이루어 잔다.

📍20071209 강원철원

📍20081207 강원철원

📍20081207 강원철원

📍20081207 강원철원

📍20081207 강원철원

📍재두루미를 만난 장소

#양지리(강원 철원)

📍20121216 강원철원

📍20121219 강원철원

적갈색흰죽지(검은흰죽지)

분류 길잃은새
목 기러기목
과 오리과
학명 *Aythya nyroca*
영명 Ferruginous Duck
볼 수 있는 장소 물가
특징 매우 드물게 볼 수 있다. 주로 강이나 호수에서 발견된다.

20200114 부천굴포천

20200201 부천굴포천

적갈색흰죽지를 만난 장소

#중랑천하구(서울 성동구)

#굴포천(경기 부천)

20140105 서울중랑천

줄기러기(인도기러기)

분류 길잃은새
목 기러기목
과 오리과
학명 *Anser indicus*
영명 Bar-headed Goose
볼 수 있는 장소 들판
특징 겨울철 가끔 쇠기러기나 큰기러기
무리에 섞여 발견된다.

📍20201013 서산천수만

📍 줄기러기를 만난 장소

#천수만(충남 서산)

📍20201013 서산천수만

📍20201013 서산천수만

참수리

분류 겨울철새
목 매목
과 수리과
학명 *Haliaeetus pelagicus*
영명 Steller's Sea-eagle
볼 수 있는 장소 물가
특징 매년 도래하는 개체수가 적지만 일정한 편이다. 어미새는 날개 윗부분에 흰색이 보이고 바닷가나 하천에서 보인다.

📍 20120204 철원문혜리

📍 20170121 남양주팔당댐

📍 참수리를 만난 장소

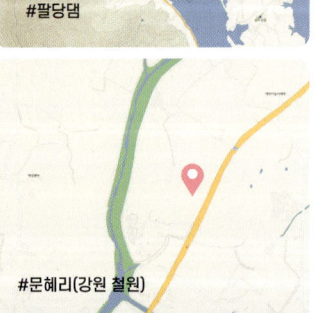

#팔당댐

#문혜리(강원 철원)

📍 20121219 철원문혜리

📍 20170121 남양주팔당댐

초원수리

분류 길잃은새
목 수리목
과 수리과
학명 *Aquila nipalensis*
영명 Steppe Eagle
볼 수 있는 장소 들판
특징 겨울철에 가끔 발견되며 덩치가 크다. 먹이활동이 용이한 개활지에서 발견된다.

📍20160130 화성호곡리

📍20160130 화성호곡리

📍20160204 화성호곡리

📍초원수리를 만난 장소

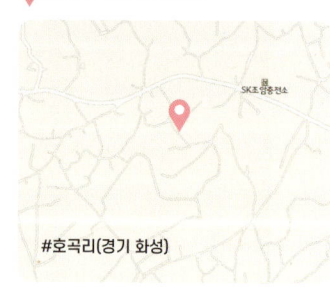

#호곡리(경기 화성)

188

캐나다기러기

분류 겨울철새
목 기러기목
과 오리과
학명 *Branta canadensis*
영명 Canada Goose
볼 수 있는 장소 들판
특징 아주 드물게 기러기 무리에 섞여 월동한다. 목 부분에 흰 줄이 보여 다른 기러기들과 확연히 구별된다.

📍 **캐나다기러기를 만난 장소**

#교동도(경기 강화)

📍 20201108 강화교동도

📍 20201108 강화교동도

캐나다두루미

분류 겨울철새
목 두루미목
과 두루미과
학명 *Grus canadensis*
영명 Sandhill Crane
볼 수 있는 장소 들판
특징 몸은 흰 빛에 가깝고, 눈 주변이 붉다. 흑두루미 재두루미 속에 섞여 월동한다.

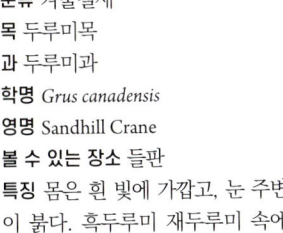

📍 20181202 서산천수만

📍 20181202 서산천수만

📍 캐나다두루미를 만난 상소

#천수만(충남 서산)

📍 20181202 서산천수만

📍 20181202 서산천수만

191

큰고니

분류 겨울철새
목 기러기목
과 오리과
학명 *Cygnus cygnus*
영명 Whooper Swan
볼 수 있는 장소 물가
특징 흔히 백조라고 한다. 바다나 강, 호수
에서 많이 보이며 군집생활을 한다.

20160220 화성호곡리

20120310 경안생태공원

📍 큰고니를 만난 장소

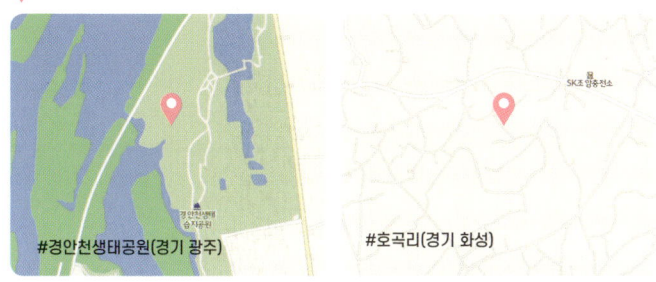

#경안천생태공원(경기 광주)   #호곡리(경기 화성)

📍 20120311 경안생태공원

큰말똥가리흑색형

분류 겨울·철새
목 매목
과 수리과
학명 *Buteo hemilasius*
영명 Upland Buzzard
볼 수 있는 장소 들판
특징 말똥가리 종류로 매년 강화 교동도에서 발견된다. 몸 전체에 검은색을 띤다.

📍 20201229 강화교동도

📍 20201229 강화교동도

📍 20201229 강화교동도

📍 큰말똥가리흑색형을 만난 장소

#교동도(경기 강화)

큰제비갈매기

분류 길잃은새
목 도요목
과 갈매기과
학명 *Thalasseus bergii*
영명 Crested Tern
볼 수 있는 장소 물가
특징 국내에선 채집이나 기록이 몇 차례 없다. 2020년 2월 속초 청초호에서 관찰되었다.

20200222 속초청초호

20200222 속초청초호

큰제비갈매기를 만난 장소

#청초호(강원 속초)

20200222 속초청초호

20200222 속초청초호

항라머리검독수리

분류 겨울철새
목 매목
과 수리과
학명 *Clanga clanga*
영명 Greater Spotted Eagle
볼 수 있는 장소 들판
특징 특정한 지역에 아주 드물게 도래한다.

📍 20201108 강화교동도

📍 20201106 강화교동도

📍 20201106 강화교동도

📍 항라머리검독수리를 만난 장소

📍 20201108 강화교동도

#교동도(경기 강화)

해변종다리

분류 길잃은새
목 참새목
과 종다리과
학명 *Eremophila alpestris*
영명 Horned Lark
볼 수 있는 장소 산
특징 이름에 해변이 붙었는데, 한겨울 강원도 태백 풍력발전단지에서 겨울철새인 갈색양진이 무리에 섞여 있는 것이 관찰되었다.

📍 20210129 바람의언덕

📍 20210129 바람의언덕

📍 20210127 바람의언덕

📍해변종다리를 만난 장소

#바람의 언덕(강원 태백)

197

호사비오리

분류 겨울철새
목 기러기목
과 오리과
학명 *Mergus squamatus*
영명 Chinese Merganser
볼 수 있는 장소 물가
특징 매년 적은 개체수가 도래하여 강과 호수에서 서식한다.

📍 20210110 청라지구

📍 20210110 청라지구

📍 20210110 청라지구

📍 20210110 청라지구

📍 호사비오리를 만난 장소

#팔당(경기 남양주)

#청라(경기 인천)

199

혹고니

분류 겨울철새
목 기러기목
과 오리과
학명 *Cygnus olor*
영명 Mute Swan
볼 수 있는 장소 물가
특징 매년 시화호 안쪽 사람 발길이 없는 호숫가에 도래하여 서식한다.

📍 20201202 안산대송습지

📍 혹고니를 만난 장소

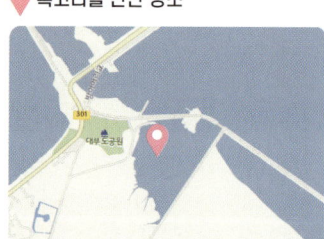

#대송습지(경기 안산)

📍 20201202 안산대송습지

📍 20201202 안산대송습지

홍방울새

분류 겨울철새
목 참새목
과 되새과
학명 *Acandis flammea*
영명 Common Redpoll
볼 수 있는 장소 산
특징 매년 도래하는 개체수에 많은 차이가 있으며, 붉은색 방울새로 일본 잎갈나무 열매를 먹고 있다.

📍 20090301 파주장산리

📍 20090301 파주장산리

📍 20090301 파주장산리

📍 홍방울새를 만난 장소

#장산리(경기 파주)

황새

분류 겨울철새
목 황새목
과 황새과
학명 *Ciconia boyciana*
영명 Oriental Stork
볼 수 있는 장소 물가
특징 황새는 멸종되었으나, 복원 사업으로 곳곳에서 볼 수 있게 되었다.

📍 20150118 화성호곡리

📍 20200216 서산천수만

📍 황새를 만난 장소

#호곡리(경기 화성)

#천수만(충남 서산)

📍20200216 서산천수만

📍20150117 화성호곡리

회색가슴뜸부기

분류 나그네새
목 두루미목
과 뜸부기과
학명 *Gallirallus striatus*
영명 Slaty-breasted Rail
볼 수 있는 장소 물가
특징 겨울철 특정한 지역에
서 아주 드물게 발견된다.

📍20210106 청라지구

📍20210106 청라지구

20210105 청라지구

회색가슴뜸부기를 만난 장소

#청라(경기 인천)

20210106 청라지구

회색기러기

📍 20210221 강화도

분류 길잃은새
목 기러기목
과 오리과
학명 *Anser anser*
영명 Graylag Goose
볼 수 있는 장소 들판
특징 아주 드물게 도래하며, 쇠기러기 무리
속에 있거나 단독으로 발견되기도 한다.
2021년 강화도와 제주도에서 관찰되었다.

📍 20210221 강화도

📍 20210221 강화도

📍 회색기러기를 만난 장소

#망월리(경기 강화)

#애월(제주)

206

20210224 제주애월

20210224 제주애월

20210223 경기강화

회색머리지빠귀

분류 길잃은새
목 참새목
과 지빠귀과
학명 *Turdus pilaris*
영명 Fieldfare
볼 수 있는 장소 공원

특징 유럽 쪽에서는 흔하나, 우리나라에서는 귀한 편인데, 우리나라 도심 공원에 나타나 많은 사람들의 주목을 받았다.

20200124 송도미추홀공원

20200123 송도미추홀공원

20200123 송도미추홀공원

📍회색머리지빠귀를 만난 장소

#미추홀공원(인천송도)

20200123 송도미추홀공원

20200124 송도미추홀공원

209

흑두루미

분류 겨울철새
목 두루미목
과 두루미과
학명 *Grus monacha*
영명 Hooded Crane
볼 수 있는 장소 들판
특징 겨울철 벼를 벤 들판에서 주로 보이며, 수천 마리가 군집생활을 한다.

20210307 서산천수만

20200324 서산천수만

20210307 서산천수만

흑두루미를 만난 장소

#천수만(충남 서산)

20210307 서산천수만

20210307 서산천수만

211

흑로

분류 텃새
목 황새목
과 백로과
학명 *Egretta sacra*
영명 Eastern Reef Heron
볼 수 있는 장소 물가
특징 제주도 해안가 양식장에서 흘러나오는 사료 등
을 먹으러 오는 작은 물고기를 사냥하므로, 해안가 양
식장 근처에서는 쉽게 관찰된다.

📍 20201104 제주서귀포

📍 20201104 제주서귀포

📍 20201104 제주서귀포

📍 흑로를 만난 장소

#서귀포(제주)

흰기러기

분류 겨울철새
목 기러기목
과 오리과
학명 *Anser caerulescens*
영명 Snow Goose
볼 수 있는 장소 들판
특징 쇠기러기나 큰기러기 무리 속에 섞여 드물게 보인다.

20201117 강화교동도

흰기러기를 만난 장소

#교동도(경기 강화)

20201117 강화교동도

20201108 강화교동도

흰꼬리수리

분류 겨울철새
목 매목
과 수리과
학명 *Haliaeetus albicilla*
영명 White-tailed Sea Eagle
볼 수 있는 장소 들판
특징 흔히 볼 수 있는 새로, 사냥을 하여 먹이를 먹는 경우도 있지만 주로 다른 새들이 잡은 먹이를 뺏어 먹기도 한다.

📍 20111125 철원문혜리

📍 20110130 철원문혜리

214

📍흰꼬리수리를 만난 장소

#문혜리(강원 철원)

흰눈썹뜸부기

분류 겨울철새
목 두루미목
과 뜸부기과
학명 *Rallus aquaticus*
영명 Water Rail
볼 수 있는 장소 물가
특징 만나기 어려운 새로 강가나 호숫
가, 갈대 숲 사이에서 조용히 움직이며
먹이활동을 한다.

📍 20180215 서울성내천

📍 20100117 안산대송습지

📍 20180215 서울성내천

📍 흰눈썹뜸부기를 만난 장소

🚶 #대송습지(경기 안산)

📍 20100117 안산대송습지

🚶 #성내천(서울 송파)

흰멧새

분류 겨울철새
목 참새목
과 멧새과
학명 *Plectrophenax nivalis*
영명 Snow Bunting
볼 수 있는 장소 물가
특징 아주 적은 개체수의 새가 매년 도래하여 바위가 많은 지역에서 서식하며, 먹이에 따라 이동하기도 한다.

📍 20200216 서산천수만

📍 20200216 서산천수만

📍 20200216 서산천수만

📍 20200216 서산천수만

📍 흰멧새를 만난 장소

#천수만(충남 서산)

📍 20200216 서산천수만

217

흰이마기러기

분류 길잃은새
목 기러기목
과 오리과
학명 *Anser erythropus*
영명 Lesser White-fronted Goose
볼 수 있는 장소 들판
특징 쇠기러기 무리 속에서 드물게 발견된다.

20210302 강화교동도

20210302 강화교동도

20210302 강화교동도

20210302 강화교동도

흰이마기러기를 만난 장소

#교동도(경기 강화)

흰죽지수리

📍 20190106 철원양지리

📍 20190106 철원양지리

분류 나그네새
목 매목
과 수리과
학명 *Aquila heliaca*
영명 Imperial Eagle
볼 수 있는 장소 들판
특징 특정지역에서 겨울철에 아주 드물게 발견되며, 단독으로 생활한다.

📍 20190106 철원양지리

📍 **흰죽지수리를 만난 장소**

#양지리(강원 철원)

219

흰줄박이오리

분류 겨울철새
목 기러기목
과 오리과
학명 *Histrionicus histrionicus*
영명 Harlequin Duck
볼 수 있는 장소 물가
특징 가까운 바닷가에서 먹이활동을 하며, 동해안 특정지역(아야진)으로 매년 온다. 개체수는 많지 않다.

📍 20120317 고성아야진

📍 20120317 고성아야진

📍 20120317 고성아야진

📍 20120317 고성아야진

📍 흰줄박이오리를 만난 장소

#아야진(강원 고성)

흰턱해변종다리

분류 길잃은새
목 참새목
과 종다리과
학명 *Eremophila alpestris*
영명 Horned Lark / Shore Lark
볼 수 있는 장소 들판
특징 해변종다리의 아종으로서 겨울철에 드물게 발견된다.

📍 20160212 화성호곡리

📍 20160130 화성호곡리

📍 20160130 화성호곡리

📍 20160213 화성호곡리

📍 흰턱해변종다리를 만난 장소

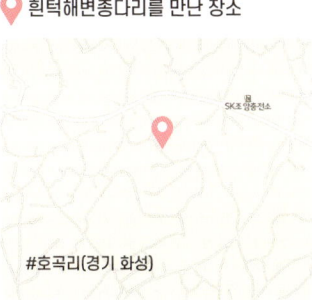

#호곡리(경기 화성)

221

월별 정리

1월

새	찍은 장소	분류	목	과
갈색양진이	태백 바람의언덕	겨울철새	참새목	되새과
노랑배진박새	군포 수리산	길잃은새	참새목	박새과
노랑부리백로	시흥 관곡지	여름철새	황새목	백로과
댕기흰죽지	중랑천	겨울철새	기러기목	오리과
동고비 알비노	수원 광교산	텃새	참새목	동고비과
멋쟁이새	광릉수목원	겨울철새	참새목	되새과
밀화부리	서울숲	여름철새	참새목	되새과
붉은부리흰죽지 암컷	부천 굴포천	길잃은새	기러기목	오리과
비오리	청라지구	겨울철새	기러기목	오리과
쇠부엉이	여주 양촌리	겨울철새	올빼미목	올빼미과
쇠종다리	안산대송습지	나그네새	참새목	종다리과
수리부엉이	수원 지지대고개	텃새	올빼미목	올빼미과
여새	송도 미추홀공원	겨울철새	참새목	여새과
적갈색흰죽지/검은흰죽지	부천 굴포천	길잃은새	기러기목	오리과
줄부리오리/북미댕기흰죽지	세종 부강면	길잃은새	기러기목	오리과
초원수리	화성 호곡리	길잃은새	수리목	수리과
큰고니	화성 호곡리	겨울철새	기러기목	오리과
해변종다리	태백 바람의언덕	길잃은새	참새목	종다리과
호사비오리	청라지구	겨울철새	기러기목	오리과
회색가슴뜸부기	청라지구	나그네새	두루미목	뜸부기과
흰꼬리수리	철원 문혜리	겨울철새	매목	수리과
흰죽지수리	철원 양지리	나그네새	매목	수리과
흰턱해변종다리	화성 호곡리	길잃은새	참새목	종다리과

2월

개리	파주출판단지	겨울철새	기러기목	오리과
금눈쇠올빼미	김포강서한강공원	겨울철새	올빼미목	올빼미과
꼬까울새	암사생태공원	길잃은새	참새목	솔딱새과
나무발바리	종로 창경궁	겨울철새	참새목	나무발발이과

동고비	군포 수리산	텃새	참새목	동고비과
두루미	철원 동송	겨울철새	두루미목	두루미과
뒷부리장다리물떼새	인천 송도	겨울철새	도요목	장다리물떼새과
매	제주 서귀포	텃새	매목	매과
물때까치	여주 양촌리	겨울철새	참새목	때까치과
바위종다리	남양주 불암산	겨울철새	참새목	바위종다리과
부채꼬리바위딱새	남양주 양수리	길잃은새	참새목	솔딱새과
분홍찌르레기	강화도 인산리	길잃은새	참새목	찌르레기과
붉은목지빠귀	소래습지생태공원	나그네새	참새목	지빠귀과
쇠동고비	창경궁	겨울철새	참새목	동고비과
아물쇠딱따구리	창경궁	텃새	딱따구리목	딱따구리과
양진이	광릉수목원	겨울철새	참새목	되새과
적원자(붉은양진이)	시흥 포동	나그네새	참새목	되새과
참수리	남양주 팔당	겨울철새	매목	수리과
큰제비갈매기	속초 청초호	길잃은새	도요목	갈매기과
황새	화성 호곡리	겨울철새	황새목	황새과
회색기러기	강화 망월리	길잃은새	기러기목	오리과
회색머리지빠귀	송도미추홀공원	길잃은새	참새목	지빠귀과
흰눈썹뜸부기	송파 성내천	겨울철새	두루미목	뜸부기과
흰멧새	서산 천수만	겨울철새	참새목	멧새과
흰줄박이오리	고성 아야진	겨울철새	기러기목	오리과

3월

검은목두루미	서산 천수만	겨울철새	두루미목	두루미과
검은어깨매(검은어깨솔개)	군산 화현면	길잃은새	수리목	수리과
들꿩	남양주 세정사	텃새	닭목	꿩과
캐나다두루미	서산 천수만	겨울철새	두루미목	두루미과
홍방울새	파주 장산리	겨울철새	참새목	되새과
흑두루미	서산 천수만	겨울철새	두루미목	두루미과
흰이마기러기	강화 교동도	길잃은새	기러기목	오리과

4월

검은딱새	충남 신진도	여름철새	참새목	솔딱새과
검은머리딱새	충남 외연도	길잃은새	참새목	솔딱새과
검은목논병아리	속초 청초호	겨울철새	논병아리목	논병아리과
검은지빠귀	군산 어청도	나그네새	참새목	딱새과
대륙검은지빠귀	군산 어청도	나그네새	참새목	지빠귀과
되지빠귀	군포 수리산	여름철새	참새목	지빠귀과
무당새	군산 어청도	나그네새	참새목	멧새과

붉은가슴밭종다리	충남 외연도	나그네새	참새목	할미새과
붉은가슴울새	군포 수리산	길잃은새	참새목	솔딱새과
붉은해오라기	충남 외연도	길잃은새	황새목	백로과
솔잣새	강릉 염전해변	나그네새	참새목	되새과
쇠붉은뺨멧새	군산 어청도	나그네새	참새목	멧새과
쇠유리새	군포 수리산	여름철새	참새목	솔딱새과
쇠제비갈매기	남양주 왕숙천	여름철새	도요목	갈매기과
숲새	군포 수리산	여름철새	참새목	휘파람새과
왕새매	충남 외연도	나그네새	매목	수리과
유리딱새	충남 외연도	나그네새	참새목	솔딱새과
작은동박새	군산 어청도	나그네새	참새목	동박새과
장다리물떼새	시흥 관곡지	나그네새	도요목	장다리물떼새과
저어새	시흥 관곡지	여름철새	황새목	저어새과
제비물떼새	충남 외연도	나그네새	도요목	제비물떼새과
진홍가슴	충남 신진도	나그네새	참새목	솔딱새과
큰유리새	충남 외연도	여름철새	참새목	딱새과
할미새사촌	충남 외연도	나그네새	참새목	할미새사촌과
홍비둘기	군산 어청도	나그네새	비둘기목	비둘기과
황금새	충남 외연도	나그네새	참새목	솔딱새과
후투티	일산호수공원	여름철새	코뿔새목	후투티과
흰눈썹울새	충남 외연도	나그네새	참새목	솔딱새과
흰배멧새	충남 외연도	나그네새	참새목	멧새과

5월

개미잡이	안산갈대습지공원	여름철새	딱따구리목	딱따구리과
긴발톱할미새	충남 신진도	나그네새	참새목	할미새과
검은바람까마귀	충남 신진도	나그네새	참새목	바람까마귀과
꼬까참새	군포 수리산	나그네새	참새목	멧새과
노랑눈썹멧새	군산 어청도	나그네새	참새목	멧새과
노랑때까치	충남 신진도	나그네새	참새목	때까치과
새매	서울 창경궁	텃새	매목	수리과
소쩍새	의왕 청계산	여름철새	올빼미목	올빼미과
솔딱새	충남 외연도	나그네새	참새목	솔딱새과
솔부엉이	군포 수리산	여름철새	올빼미목	올빼미과
올빼미	춘천 남이섬	텃새	올빼미목	올빼미과
울새	군포 수리산	나그네새	참새목	솔딱새과
종다리	인천 송도	텃새	참새목	종다리과
한국동박새	충남 신진도	나그네새	참새목	동박새과
호사도요	화성 호곡리	길잃은새	도요목	호사도요과
흰눈썹붉은배지빠귀	군포 수리산	나그네새	참새목	지빠귀과

흰눈썹황금새	충남 외연도	여름철새	참새목	딱새과
흰물떼새	인천 송도	나그네새	도요목	물떼새과

6월

개개비	이천 성호저수지	여름철새	참새목	휘파람새과
검은머리갈매기	인천 송도	텃새	도요목	갈매기과
검은머리물떼새	화성 화옹호	텃새	도요목	검은머리물떼새과
긴꼬리딱새	가평 보라산	여름철새	참새목	긴꼬리딱새과
까막딱따구리	철원 강포리	텃새	딱따구리목	딱따구리과
꾀꼬리	나무고아원	여름철새	참새목	꾀꼬리과
뜸부기	파주 공릉천	여름철새	두루미목	뜸부기과
쇠뜸부기사촌	파주 공릉천	여름철새	두루미목	뜸부기과
참매	수원 여기산	텃새	수리목	수리과
팔색조	부천 거마산	여름철새	참새목	팔색조과
황로	파주 공릉천	여름철새	황새목	백로과

7월

물꿩	주남저수지	나그네새	도요목	물꿩과
물총새	파주 공릉천	여름철새	파랑새목	물총새과
붉은배새매	남한산성	여름철새	매목	수리과
붉은부리찌르레기	충주 호암지	나그네새	참새목	찌르레기과
새호리기(새홀리기)	송도미추홀공원	여름철새	매목	매과
잣까마귀	설악산 대청봉	텃새	참새목	까마귀과
청호반새	광주 미역산	여름철새	파랑새목	물총새과
파랑새	괴산 조령산	여름철새	파랑새목	파랑새과
호랑지빠귀	안동도산서원	여름철새	참새목	지빠귀과
호반새	춘천 남이섬	여름철새	파랑새목	물총새과
흰날개해오라기	강화 교동도	나그네새	참새목	백로과
흰참새(알비노)	춘천 약사천	텃새	참새목	참새과

8월

왕눈물떼새	강릉 안목항	나그네새	도요목	물떼새과
한국뜸부기	파주 공릉천	나그네새	두루미목	뜸부기과

10월

딱새	군포 수리산	텃새	참새목	딱새과
붉은왜가리	안산대송습지	나그네새	황새목	백로과
비둘기조롱이	파주 공릉천	나그네새	매목	매과

쇠재두루미	신안 흑산도	길잃은새	두루미목	두루미과
줄기러기(인도기러기)	서산 천수만	길잃은새	기러기목	오리과
흰눈썹지빠귀	군포 수리산	나그네새	참새목	지빠귀과

11월

긴꼬리때까치	송도미추홀공원	겨울철새	참새목	때까치과
노랑딱새	군포 수리산	나그네새	참새목	솔딱새과
캐나다기러기	강화 교동도	겨울철새	기러기목	오리과
항라머리검독수리	경기 교동도	겨울철새	매목	수리과
흑로	제주 서귀포	텃새	황새목	백로과
흰기러기	강화 교동도	겨울철새	기러기목	오리과

12월

검은머리흰죽지	속초 청초호	겨울철새	기러기목	오리과
검은이마직박구리	안산갈대습지공원	나그네새	참새목	직박구리과
고방오리	중랑천	나그네새	참새목	직박구리과
넓적부리	중랑천	겨울철새	기러기목	오리과
느시	여주 매화리	겨울철새	두루미목	느시과
붉은가슴흰꼬리딱새	안산호수공원	나그네새	참새목	솔딱새과
스윈호오목눈이	안산갈대습지공원	겨울철새	참새목	스윈호오목눈이과
재두루미	철원 양지리	겨울철새	두루미목	두루미과
큰말똥가리흑색형	강화 교동도	겨울철새	매목	수리과
혹고니	안산대송습지	겨울철새	매목	수리과
흰꼬리딱새	남양주 양수리	나그네새	참새목	솔딱새과

memo

memo